수의사가 알려주는 품종 개·고양이의 비극

순종 개, 품종 고양이가 좋아요?

Picking a Pedigree: How to Choose A Healthy Puppy or Kitten
By Emma Milne
ISBN: 9781912178896

Published in English by 5m Publishing, 8 Smithywood Drive, Sheffield UK
www.5mpublishing.com

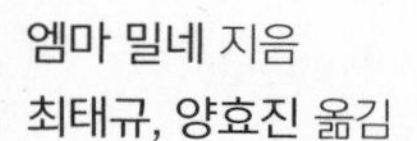

엠마 밀네 지음
최태규, 양효진 옮김

순종 개, 품종 고양이가 좋아요?

추천사

이 책은 내게 큰 충격이었다. 인간은 많은 품종을 만들어 내는 과정에서 '기형 동물 쇼'를 보여 주었다. 숨을 못 쉬거나 새끼를 낳을 수 없고, 제대로 걷지도 못하는 동물을 만들어 냈으며, 심지어 두개골 안에 뇌가 정상적으로 들어가지 못하기도 했다. 당장 멈춰야 하는 끔찍한 일이다. 애완동물은 귀엽고 예쁘고 털이 북실북실하고 연약하며 우스꽝스러운 장신구가 아니라 우리의 반려자여야 한다. 동물을 사랑하고 동물복지를 생각한다면 반드시 이 책을 읽어야 한다. 그래야 근친교배로 동물을 생산하는 이 끔찍한 산업에 일조하지 않을 수 있다. 부디 사지 말고 순종이 아닌 잡종을, 길 위의 동물을 입양하기를 바란다.

미카엘라 스트라찬(Michaela Strachan, 야생동물 TV 프로그램 진행자)

건강한 강아지와 고양이를 선택하기 위한 최고의 안내서다. 동물의 건강 문제에 대한 근거를 명확하게 설명함으로써 동물을 입양하려는 사람들의 이해를 돕고, 오래 함께할 수 있는 건강한 동물을 찾는 가장 쉬운 방법을 알려 준다. 동물 가족을 만들 계획이 있다면 이 책부터 읽기를 바란다.

피트 웨더번 박사(Dr Pete Wedderburn, 수의사, 《데일리 텔레그래프》 등에 기고)

인생에서 만난 동물을 생각할 때면 나는 '순수주의자'가 되곤 한다. 나는 20여 년 동안 유기동물을 구조해 왔다. 유기동물은 개나 고양이를 소유물로 생각하는 사회와 사람들 때문에 이런저런 이유로 버림받은 동물들이다. 동물을 기르다 마음에 들지 않거나 삶의 방식이 바뀌었다는 이유로 동물을 버릴 권리가 사람들에게는 없다. 그래서 '애완동물'이라는 단어에 반감을 느낀다. 반려동물은 가족의 일부다. 나는 내 자녀를 애완동물이라고 하지 않는 것처럼 동물도 그렇게 부르지 않는다.

개나 고양이를 선택할 때 품종은 우선순위가 아니다. 만약 품종 동물을 선택하려 한다면 그에 따른 문제에 대해 최대한 알아보아야 한다. 필요한 모든 정보는 이 책 안에 있다. 또한 자기 자신에 대해 성찰해 보기를 바란다. 왜 특정 품종을 고집하는가? 내가 동물에게 바라는 것은 무엇인가? 동물들은 감탄스러울 정도로 내 삶을 풍요롭게 했다. 그들은 끝없이 주고 무엇이든 용서한다. 그러니 최고의 대우를 받아야 마땅하다. 그들에 대해 더 많이 알게 될수록 더 잘 대할 수 있을 것이다.

피터 이건(Peter Egan, 배우, 동물복지 활동가)

고양이나 개가 내 삶의 일부가 되는 것은 특별하고 삶을 충만하게 하는 기쁨이다. 그들은 헤아릴 수 없는 행복과 조건 없는 사랑, 강렬한 우정을 안겨 준다. 그 어떤 것보다 우리의 삶을 풍요롭게 한다. 그래서 우리는 그들에게 빚을 지고 있다. 동물에게 필요한 것이 무엇인지 살피고 그들이 오래오래 행복하게 살도록 도와야 한다. 고통받기 위해 태어난, 패션 소품일 뿐인 품종 동물을 소유하지 않아야 한다. 그런 동물을 선택하는 것은 잔인한 동물 거래를 지속시키는 일이다. 이 책은 행복하고 건강하며 사랑이 넘치는 반려동물을 만나는 데 필요한 모든 것을 담고 있는 종합 안내서다. 저자가 우리에게 주는 선물이니 반드시 읽기를 바란다. 특히 한 번이라도 최근 유행하는 개, 고양이 품종에 매력을 느낀 사람이라면 더욱더!

블랙 경(Lord Black of Brentwood, 인터내셔널캣케어 홍보대사)

건강한 개, 고양이를 입양하고픈 사람들에게 보내는 수의사의 조언

1996년에 수의대를 졸업했다. 예닐곱 살 때부터 수의사가 되고 싶었지만 똑똑한 아이가 아니어서 목표를 달성하기 위해 피나는 노력을 해야 했다. 어느 화창한 날, 나는 터질 듯한 자긍심을 안고 수의사 선서를 했다.

"… 강직한 품행으로 전문가의 역할을 다하며 끊임없는 노력으로 동물복지를 위해 전념할 것입니다."

어느 순간 이 맹세의 의미가 인간이 개와 고양이에게 벌인 문제를 바로잡는 일이라는 것을 깨달았다. 그리고 그 모든 게 너무 우울하게 느껴지기 시작했다.

2007년에는 변화가 필요하다는 생각에 품종 동물의 심각한 건강 문제에 대한 책을 썼다. 2008년에는 BBC에서 방영된 다큐멘터리 프로그램 〈품종견을 폭로하다Pedigree Dogs Exposed〉에 깊이 관여했다. 이 강력하고 가슴 아픈 다큐멘터리는 동물 개량과 번식 산업계를 뒤흔들었다. BBC는 영국의 대형 도그쇼인 크러프츠Crufts의 중계방송을 중단했고, 개의 건강에 대한 대규모 조사가 시작되었다. 나와 같은 생각을 했던 전 세계의 수의사들은 안도의 한숨을 내쉬었다. 이제는 모든 것이 나아질 거라고 믿었다.

하지만 슬프게도 10년이 지난 지금 사태는 더 악화되고 있는 느낌이다. 수의사들은 사랑스러운 반려동물이 병약한 우환덩어리로 밝혀지면 보호자만큼 힘들다. 물론 반려동물의 질병과 죽음을 극복하도록 돕는 일이 수의사의 일이지만 그 질병과 죽음이 단지 예쁘고 귀여운 것에 대한 욕망 때문에, 품종 동물을 선택한 것 때문에 벌어진 일일 때는 영혼이 파괴되는 기분이다. 아픈 동물의 문제를 해결하려고 하지만 항상 이미 늦은 상태라 뒷수습만 하게 되기 때문이다. 아무도 동물을 '사기' 전에 수의사에게 조언을 구하지 않는다.

그래서 변화를 위해 다시 한 번 분투하기로 하고 책을 준비했다. 개나 고양이 입양을 준비하고 있는 사람들이 무슨 일이 있어도 건강한 동물을 선택할 수 있도록 도울 것이다. 이미 마음에 품종견이나 품종묘를 들이기로 했다면 이 책에서 들려주는 이야기가 싫을 수도 있다. 하지만 결정하기 전에 꼭 한번 들어보고 심사숙고해서 선택하기를 바란다. 내가 입양한 개, 고양이가 오래오래 건강하고 행복한 삶을 살기를 바라는 마음은 다 같지 않은가.

차 례

1

인간, 개·고양이와 친구가 되다

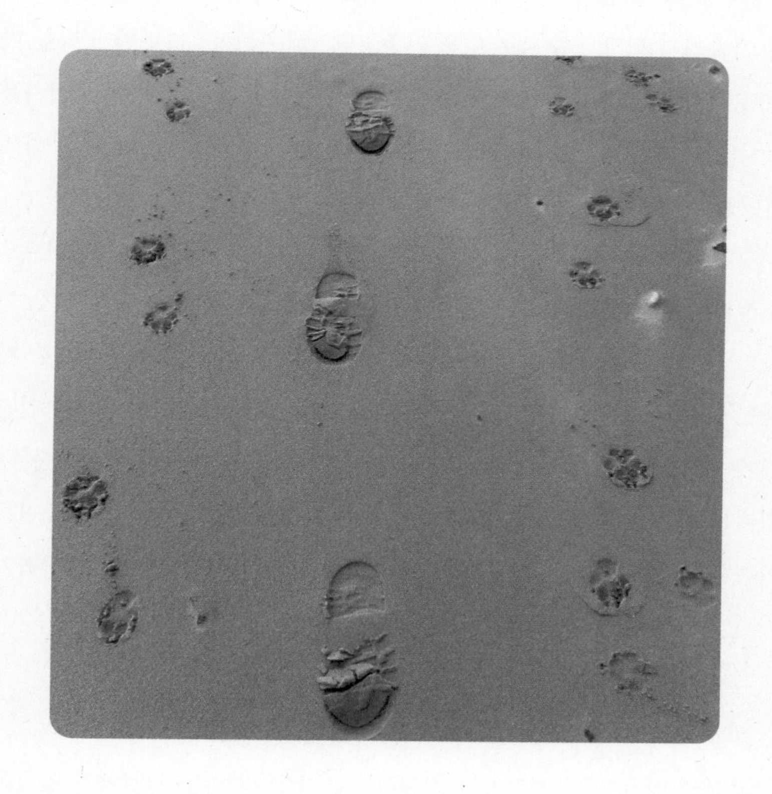

좋은 팀, 유용한 친구

프랑스의 한 동굴에서 8세가량의 아이와 커다란 갯과 동물이 나란히 걸은 발자국이 발견되었다. 발자국은 약 2만 6000년 전에 찍힌 것으로 추정되었다. 아름다운 발견이다. 사랑스러운 개와 인간이 어떻게 함께 살기 시작했는지 상상하다 보면 두 종 모두 자랑스러워진다. 아름다운 지구에서 모두가 조화를 이루며 살아가는 것이 중요하기에 서로 다른 종이 힘을 합치는 것에는 경이로움을 느낀다.

사람과 개의 우정이 얼마나 오래되었는지, 야생의 늑대 혹은 개와 늑대의 공통된 조상이 어떻게 가축화되어 개가 되었는지 정확히 밝히려는 수많은 연구가 진행 중이다. 대략 4만 년 전쯤 개처럼 생긴 동물이 인간과 어울리기 시작하며 서로 도움을 주고받았다. 동물은 따뜻한 모닥불 가에서 사람이 남긴 음식을 얻어먹었고, 인간은 개의 조상이 가진 포식자를 감시하는 눈과 귀, 무리를 보호하는 본능 덕분에 이득을 봤다. 둘은 함께 사냥할 때 꽤 좋은 팀이 될 수 있음을 배우며 서서히 우정을 쌓았다.

고양이는 아프리카 야생 고양이의 공통 조상으로부터 진화한 것으로 추정된다. 그때부터 고양이는 인간을 이용하고 괴롭히기도 했고, 때로 인간의 어리석음을 참아 주기도 했다! 인류가 더 많은 곡물을 경작하고 저장할수록 지구에서 가장 성공한 동물인 쥐가 몰려들었다. 고양이는 인간 곁에 머물면 안락한 헛간에서 지내며 맛있는 쥐를 무한정 잡아먹을 수 있다는 사실을 깨달았고, 인간은 힘들이지 않고 농작물 피해를 줄이는 이점을 누렸다. 쥐가 오랫동안 질병을 퍼뜨리는 악의 화신으로 여겨졌기에 고양이는 곁에 두기에 꽤 유용한 친구였다.

개와 친구로 산 시간 한 시간, 품종을 만든 시간 9초

고양이 이야기는 나중에 할 것이다. 아주 최근까지도 고양이와 인간은 그저 같이 살아왔을 뿐이기 때문이다. 고양이는 그 조건 그대로 인간에게 필요했기에 인간 선조 역시 그들을 그대로 내버려두었다. 세월이 흐르며 인간에게 점점 더 가까이 다가와 인간의 집과 마음속으로 들어와 무릎 위를 차지했지만 그들의 원형은 수천 년 동안 변하지 않았다. 고양이 본연의 외모와 고고하고 건강한 모습은 자연이 그들에게 선물한 그대로다.

반면 개는 인간이 이용할 수 있는 특성이 많았고, 이는 현대의 개가 겪는 믿기 힘든 변화의 토대가 되었다. 개는 민첩하고 용맹하며 똑똑한 인간의 협력자였다. 인간은 몇몇 개가 어떤 면에서 다른 개보다 낫다는 사실을 우연히 깨닫게 되었고, 그렇게 개에게 여러 가지 일을 맡기게 되었다.

비교적 덩치가 큰 개는 사슴이나 멧돼지를 사냥하기에 적합한 힘센 견종으로 개량했다. 반대의 경우에는 토끼굴에 쉽게 들어갈 수 있는 작은 개를 만들어 냈다. 더 강하고 공격적이며 충직한 개를 골라서 번식시키면 경계심이 강하고 위협적인 경비견이 탄생한다. 머리가 좋은 개를 빠르고 탄탄하게 개량하면 훈련시키기 쉬운 목양견을 얻을 수 있어 사람이 잡거나 옮기기 힘든 가축을 몰게 할 수 있다.

집 지키기, 양몰이, 사냥. 처음에 인간은 개에게 이 세 가지 직업을 주었다. 사냥개는 먹잇감에 따라 모습이 조금씩 다르다. 이에 관한 첫 기록이 기원전 2000년의 고대 이집트니, 그 전의 약 3만 6000년의 기간 동안 인류는 단조로운 형태와 크기의 개에 만족했다고 보는 것이 무방하다. 그리고 마침내 고작 지난 한 세기 동안 인간은 200종이 넘는 개의 품종을 만들었고 이름도 지었다. 쉽게 말해 인간이 개와 친구로 지낸 기간을 한 시간으로 친다면 이 수많은 품종을 만드는 데 걸린 시간은 고작 9초에 지나지 않는다.

인간이 가축화한 개에게 무슨 짓을 했는지 잠깐이라도 곰곰이 생각해 본다면 틀림없이 뭔가 잘못되었다는 것을 알 수 있을 것이다. 그 긴 시간 동안 그들은 그저 개라는 이유로 우리를 행복하게 했다. 그런데 마지막 세기에 대체 무슨 일이 일어난 것일까?

이제 인간은 더 이상 개를 필요로 하지 않고 그저 원하기만 한다. 개는 평생 함께할 만한 아름답고 놀라운 동물이다. 지난 수천 년 동안에 인간은 개가 가까이 두기에 완벽한 동물이라는 사실을 깨달았다. 개는 인간에게 안정감과 행복함과 사랑을 느끼게 해 주었다. 그들은 우리를 판단하지 않는다. 우리가 퇴근했을 때 어떤 기분인지, 패션 감각이 훌륭한지, 귀가 못생기진 않았는지에 대해 관심이 없다. 그저 인간을 사랑하고 목숨이 다할 때까지 그 사랑을 멈추지 않는다.

반면에 인간은 좀 이상하다. 관심 받기를 좋아하고 이기적이며 애정에 굶주린 바보 같다. 잘 알지도 못하는 것을 과시하고 다른 사람에게 똑똑하게 보이고 싶어 한다. 그래서 개를 반려동물로 기르게 되면서 서로의 개를 자랑하기 시작했다. 누구의 개가 가장 훌륭한지 꼽으려 했고, 그 판단 기준은 오로지 개의 외모였다. 어떻게 생겨야 다른 개보다 더 나은 것인지 떠들어 댔다. 인간이 개의 품종과 외양에 집착하면서 수백만 년 동안 지켜온 대자연의 섭리는 잊혔고 건강이라는 가치는 더는 주목받지 못했다. 인간이 보기에 좋은 머리의 형태, 다리 길이, 적당한 크기와 예쁜 모양의 무늬 등이 '가치 있는' 동물을 판단하는 주요 기준이 되었다.

닥스훈트를 닮은 경주마를 만들 셈인가

도그쇼와 브리딩(breeding, 원하는 특정 성질을 강화, 보존, 도태시키는 선택적 번식 행위)은 1800년대 영국인들이 대대적으로 뛰어들며 폭발적으로 증가했다. 귀족은 자신의 개가 하찮은 평민의 개보다 훨씬 좋다는 걸 과시하고 싶어 했다. 켄넬 클럽(kennel club, 품종견들의 혈통 관리를 위한 단체. 품종의 보존을 위해 활동한다)이 우후죽순으로 생겨 개를 등록시키고, 쇼를 운영하고, 상을 수여했다. 그들은 이른바 품종의 표준을 정립했다. 이는 켄넬 클럽이 특정 품종이 지녀야 할 외모와 완벽한 예시를 정한다는 뜻이다. 마치 개 브리더에게 뜨개질 패턴이 주어진 것과 같았다. 기발한 패션 아이템도 아니고 지각이 있는 포유류에게 외모 기준을 제멋대로 제시하다니.

1885년에 미국 켄넬 클럽AKC, American Kennel Club이 공인한 품종은 19종

에 불과했다. 그러다가 1800년대 말에 55종으로 늘었고, 지금은 200종이 넘는다. 그중 40여 종은 2000년에서 2016년 사이에 추가되었다. 인간과 개의 역사를 한 시간으로 계산하면 이 시간은 1초에 불과하다.

우리는 이 모든 과정이 터무니없고 지속 불가능하다는 점을 깨달아야 한다. 하나의 종을 200가지 이상의 체형으로 나누는 것은 도저히 이해할 수 없다. 이 같은 짓을 야생동물에게 적용하거나 경주마를 닥스훈트 같은 모양으로 만든다고 상상해 보자. 우리는 말이 제대로 달리지 못한다고 화를 낼까? 인위적으로 왜소증을 유발했다고 분노할까? 아니면 그저 귀엽다고 생각할까?

새로운 견종을 만들어 낼 때마다 점점 더 극단적인 모습이 되어야 했다. 초기의 도그쇼 사진을 보면 그때부터 이미 품종견들의 변화 양상이 충격적이었음을 알 수 있다. 견종은 바꿀 수 없다고 말하지만 이미 부지불식간에 견종을 바꿔 왔다. 있는 견종을 없앨 수 없다고도 하지만 브리딩은 고작 몇 종으로 시작되었을 뿐이다. 수많은 견종을 만들어 내지 않았다면 그 견종을 잃을 일도 없었다. 우리는 우리가 만들어 낸 개와 고양이의 건강과 복지가 어떤 상태인지 신중하게 생각해야 한다.

품종이 아니라 종을 이해해야 한다

인간은 개와 고양이의 본성에 대해 진심으로 고민해야 한다. 진화는 아주, 아주 오래 걸리는 과정이다. 동물의 외모는 종족 보존에 도움이 될 만큼 매력적으로 보이거나 다른 동물의 먹잇감이 되지 않도록 숨겨야 할 때만 진화에 반영되었다. 동물은 누가 가장 먹이와 물을 잘 찾고 짝을 빨리 만나는지, 가장 오래 살아남아 최고의 후손을 남길 수 있는지에 따라 진화했다. 이를 적자생존이라고 한다. 품종은 완전히 인위적이고 자연에서는 존재하지 않는 개념이다. 끔찍하게도 오늘날 몇몇 품종은 끊임없는

야생 갯과 동물은 귀가 바짝 서 있고, 다리가 길고, 주둥이도 길다. © Adobe Stock

수의학적 개입에 의존해 간신히 연명하고 있다.

최근에 어린이용 책을 쓰기 위해 갯과의 야생동물을 조사했다. 반려동물로 길러지는 개의 행동학적·사회적 요구를 설명하기 위해 야생의 개는 어떻게 살아가는지 아이들이 이해하기를 바라는 마음이다. 대부분의 야생 갯과 동물은 긴 주둥이, 바짝 선 귀, 전방을 주시하는 밝은 눈, 긴 다리, 북슬북슬한 꼬리를 가졌다. 아프리카들개, 늑대, 코요테, 자칼, 여우, 딩고 등이 이에 속한다. 차이점은 어느 정도 있지만 이런 특징이 공통적이고, 이들은 생태계에서 성공적으로 생활하고 있다. 품종이 아니라 종이

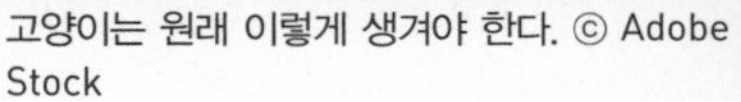

고양이는 원래 이렇게 생겨야 한다. © Adobe Stock

살아남았다는 이야기다. 우리는 품종과 외모에 매달릴 것이 아니라 종으로서의 개와 고양이에 대해 다시 한 번 생각해 보고 건강하게 살 수 있도록 지켜줘야 한다.

2장에서는 갯과와 고양잇과 동물의 자연적인 모습, 그들의 진화와 적자생존에 관해 돌이켜 볼 것이다. 이를 통해 비현실적이고 인위적이고 극단적이지만 인기가 많은 현대의 품종 개, 고양이의 모습 대신 더 건강한 체형의 동물을 선택하고 자연적인 아름다움을 지향하게 되기를 바란다.

2

순종의 다른 말, 근친교배

'순수 혈통'이라는 말은 우월함을 연상시킨다

순수 혈통이라는 말은 갖가지 좋은 이미지를 연상시킨다. 왕족, 상류층, 최고 중 최고. 맥주에서 동물 사료에 이르기까지, 순혈이라는 단어는 평범한 것과의 차이를 드러내기 위해 사용된다. 상류 계급, 가장 우월함. 《옥스퍼드 영어사전》은 '혈통pedigree'을 다음과 같이 정의한다.

> 1. 순수한 품종임을 증명하기 위해 동물의 가계를 기록한 것.
>   • 순종 동물
> 2. 사람이나 가문의 가계나 혈통을 기록한 것.
>   • 특별함을 부여하는 의미로서 사람이나 사물의 역사 혹은 기원

'순수pure'와 '특별distinction'이란 단어가 쓰인 것이 눈에 띈다. 가계도를 파악할 수 있고 훌륭한 조상의 자손임을 알 수 있다는 점을 좋게 보는 것이 분명하다.

반면에 '근친교배(혹은 근친상간)'라는 말은 정반대의 느낌을 풍긴다. 사람들은 외떨어진 작은 마을에서 온 사람들을 근친상간을 벌였다고 여기며 조롱과 욕설의 대상으로 삼았다. 지적장애나 신체장애, 기형이 있는 아이를 낳는 것이 근친상간 때문이라며 그들을 비하했다.

수의사들은 예비 애견인들에게 묻고 싶다. 품종견과 근친교배로 태어난 개 중 어느 쪽을 선호하느냐고. 당연히 모든 사람이 무릎반사처럼 근친교배로 얻은 개가 아닌 품종견을 원한다고 대답할 것이다. 그런데 문제는 그 둘이 완전히 같은 말이라는 점이다!

품종견이나 품종묘는 전적으로 사람이 만든 개념이다. 품종은 같은 유전자를 가진 가족 간의 반복적 교배를 통해 탄생했다. 오랜 세월 영국을 비롯한 여러 나라에서 남매간, 부녀간, 모자간의 교배를 괜찮다고 여겨왔다. 심지어 일부 브리더는 혈통의 '순수함'을 보장하려면 이 방법이 가장 좋다고 주장하기도 한다. 이는 의심의 여지없는 근친교배다.

동물병원에서도 새로 입양한 귀여운 강아지와 혈통서를 의기양양하게 보여 주는 보호자를 자주 만난다. 족보가 더 긴 혈통서를 받기 위해 큰돈을 지불했다고 자랑하는 사람도 있다. 가계도를 대충만 훑어보아도 같은 개의 이름이 여러 번 등장한다는 사실을 알 수 있다. 개의 주인은 혈통서가 장밋빛 미래를 보장할 거라 기대하지만 공감하기는 어렵다.

자연에서는 열성 유전자끼리 만나기 어렵다

대부분의 사람은 근친교배라면 눈살을 찌푸린다. 옛 왕가의 일부 혈족에서 나타난 혈우병처럼 역사적 경고가 있었기 때문이다. 근친교배와 그로 인한 문제는 완전히 이해하기 어렵다. 유전학은 지뢰밭과 같아서 어디서 어떻게 터질지 예측하기 어렵기 때문이다.

진화는 거의 우연처럼 최선의 유전자를 선택해 왔다. 가장 빠르거나 강하거나 잘 숨거나 똑똑한지는 중요치 않다. 1장에서 이야기했듯 자연은 그저 짝짓기와 번식까지 살아남은 동물을 선택할 뿐이다. 가장 잘 적응한 동물의 새끼는 최고의 유전자를 가지고 건강한 자손을 생산할 가능성이 높다.

우성과 열성 유전자에 대해 이야기해 보자. 예를 들어 사람의 갈색 눈동자는 우성인자에 속한다. 아기는 부모로부터 눈 색깔을 결정하는 유전자를 각각 한 개씩 받는다. 하나는 파란 눈동자, 다른 하나는 갈색 눈동자를 표현하는 유전자라면 아기는 갈색 눈을 갖게 된다. 갈색 눈동자가 우성이기 때문이다. 아기의 눈동자 색이 파란 경우는 부모 모두에게 파란색 눈 유전자를 물려받을 때뿐이다.

일부 열성 유전자는 질병과 관련이 있지만 일반적으로 잘 알려지지 않았다. 자연에서는 그런 유전자끼리 만나기 어렵기 때문이다. 유전자 풀은 광활한 다양성의 바다와 같아서 두 개의 나쁜 유전자가 짝짓기를 통해 새끼에게 이어질 확률은 매우 낮다. 만에 하나 이런 일이 벌어져도 새끼가 번식을 할 만큼 성장하기 어려우므로 아예 개체군에서 사라진다. 기막힌 섭리가 아닐 수 없다!

하지만 서로 비슷한 유전자를 공유하는 가족이라면 이야기가 달라진다. 같은 혈통 안에서 짝짓기를 되풀이하면 어떻게 될까? 다양성의 바다는 증발하기 시작해 이내 진하게 농축된 웅덩이로 변한다. 이 경우 열성 유전자가 발현될 확률은 훨씬 높아진다. 이것이 순수 혈통을 타고난 혹은 근친교배로 태어난 개와 고양이의 품종에서 특정 질병이 아주 흔하게 나타나는 이유다.

질병 유전자는 매끄러운 탁구공 수백만 개가 가득한 커다란 호수에 찍찍이로 감싼 탁구공 몇 개가 떠 있는 상황에 비유할 수 있다. 호수는 정상적인 개체가 가진 유전적 다양성이다. 찍찍이에 싸인 '나쁜' 탁구공끼리 마주쳐 달라붙을 가능성은 매우 희박하다. 하지만 친척 관계의 동물을 계속 번식시켜 유전적 다양성을 제거했다고 생각해 보자. 거대한 호수가 아니라 매끈한 탁구공 몇 개가 든 그릇에 찍찍이 탁구공을 넣는 꼴이 된다. 얼마 지나지 않아 공들은 한 뭉텅이가 될 것이다.

건강하지 못한 개, 출산하지 못하는 소

자, 그럼 진짜 문제가 무엇인지 알아보자. 사실 근친교배로 태어났지만 아주 건강한 동물을 만날 수도 있다. 모든 것은 '무엇을 선택하느냐'에 달려 있는데, 바로 이 지점에서 중요한 점을 간과한다. 개와 고양이의 품종은 인간에 의해 만들어졌고, 가장 중요한 기준은 '어떻게 보이느냐'다. 외모는 특정 품종과 다른 수많은 동족을 곧바로 구별할 수 있게 해 준다. 외모는 곧 해당 품종을 규정하는 특징이다. 켄넬 클럽과 고양이애호가협회Cat Fancy Association는 품종 동물의 등록을 관리하는 일에만 몰두해 왔고, 이들이 브리더가 개와 고양이를 번식시킬 때 따라야 할 외모의 표준을 만든다.

물론 최근에는 품종 동물의 건강 악화를 걱정하는 브리더가 많아졌다. 하지만 지금은 근본적으로 품종 동물에게 무슨 일이 일어났는지부터 돌아보아야 한다. 브리더들은 오직 개와 고양이의 외모만 염두에 두고 번식시키기 때문이다.

건강한 근친교배 종은 어떤가? 건강하고 질병에 저항성이 있는 동물끼리 교배한다면 건강한 새끼를 얻을 가능성이 높다. 실험동물이 내 전문 분야는 아니지만 실험동물의 일부 혈통은 더없이 건강하게 번식되었다. 이런 형태의 브리딩은 동물의 생김새는 전혀 고려하지 않고 오로지 건강만 신경 썼기 때문이다.

브리딩의 선택 조건으로는 또 무엇이 있을까? 바로 가축의 고기와 젖이다. 이는 공장식 축산의 동물복지 측면에서 뜨거운 감자다. 우리는 젖소 품종을 우유 공장으로 만들었다. 오직 젖의 크기와 우유 생산량에만 골몰했고 결국엔 어마어마한 우유 생산량을 이룩했다. 하지만 그 밖에 또 무엇을 선택할지에 대해서는 고민하지 않았다. 거대한 젖이 꼭 실용적인 것은 아니라거나 젖소가 거대한 젖을 달고 있을 때 불편할 것이란 생각을 하지 않았다. 이로 인해 젖소의 발굽 질병과 유방염은 심각한 수준이다. 인간은 자연을 어설프게 이용했고 결국 탐욕으로 망쳐 버렸다.

벨지안 블루Belgian Blue라는 육우 품종은 근육량이 엄청나다. 이는 곧 얻을 수 있는 고기의 양이 아주 많다는 뜻이다. 수많은 농부와 정육업자, 소비자가 행복해할 일이다. 하지만 여기서 잠깐! 이 품종은 새끼를 자연 분만으로 낳을 수 없다. 태어날 송아지의 엉덩이가 너무 커서 어미의 골반을 통과하기 힘들기 때문이다. 우리는 또 한 번 자연에 손을 댔고 욕심으로 일을 엉망으로 만들었다.

먹기 위해서든 대회 수상을 위해서든 인간의 이득을 위해 자연을 조작한 것은 사실이다. 이제 두 손을 들고 자연을 망쳤다는 것을 인정해야 한다. 우리는 건강한 동물을 번식시킬 능력이 있지만 외모에만 집착하고 있다. 이런 일은 이제 그만두어야 한다.

인간이 만든 '역진화'

수의사 면허를 따고 품종 동물의 건강 문제에 대해 의문을 제기한 지 얼마 지나지 않아 켄넬 클럽 회의에 초대받았다. 건강검진에 대해 토론이 진행되었고, 나는 저먼셰퍼드 같은 품종의 고관절 평가가 왜 의무가 아닌지 물었다. 건강검진에 대한 자세한 내용은 뒤에서 다루겠지만 이날 회의에서 들은 대답은 지금도 가슴에 박혀 있다. 켄넬 클럽 관계자는 북유럽의 어느 경찰견 브리더의 이야기를 들려주었다. 자신이 데리고 있는 모든 저먼셰퍼드의 고관절 건강 지수를 매기고 점수가 나쁜 개는 번식에서 제외했다는 것이다. 장애를 초래하는 질병을 제거했으니 당연히 축하해야 할 일이다. 그런데 켄넬 클럽 관계자는 심각하고 슬픈 얼굴로 고개를 저으며 말했다.

"그 개들은 전혀 저먼셰퍼드처럼 보이지 않았어요."

나는 황당해서 넋이 나갈 정도였다. 외모가 자기들이 정한 표준에 적합하지 않다는 이유 때문에 유전병을 없애지 않는다고? 어처구니가 없어서 말문이 막혔다.

외모만을 기준으로 개를 고르고 근친교배 시킴으로써 우리는 대자연과 진화가 지난 수백만 년 동안 이룬 모든 것을 근본적으로 거슬렀다. 그 긴 세월에 비하면 찰나에 가까운 시간 동안 순혈 품종의 개와 고양이를 창조하면서 우리는 이른바 '역진화[devolution, 정치 권력 분화를 의미하는 단어지만 저자는 진화(evolution)의 반대말로 사용했다._옮긴이 주]'를 초래하고 말았다. 스스로 정말 부끄러워해야 한다.

전 세계의 수많은 수의사가 반려동물을 잃고 절망에 빠진 가족을 위로한다. 수의사에게는 정말 어려운 일이지만 매우 중요한 일이기도 하다. 오랫동안 아름다운 나날을 함께 보낸 뒤 찾아오는 이별은 슬프지만, 죽음은 자연의 순환 과정에서 빠질 수 없는 부분이다. 비록 참을 수 없이 비통하더라도 결국 사람들은 받아들이게 된다. 그러나 만약 자신의 반려동물이 단지 특정 품종이라는 이유만으로 어린데 안락사를 해야 하거나 삶의 질을 위해 몇 번이나 같은 수술을 반복해야 한다면 받아들일 수 있을까? 어려울 것이다. 앞서 언급했듯이 품종이라는 개념은 자연에 존재하지 않는다. 현대의 몇몇 품종은 오직 수의학적 개입에 의존해야만 간신히 삶을 이어나갈 수 있다.

이 책을 통해 사람들이 강아지나 고양이를 가족으로 맞이할 때 올바른 판단을 할 수 있기를 바란다. 어떤 품종의 개나 고양이를 입양하려고 한다면 다 잊고 이어지는 이야기를 귀 기울여 주기를 바란다. 그래서 이 책이 끝날 즈음엔 동물의 체형이 동물에게 어떤 의미인지 깨달았으면 좋겠다. 오늘날 품종으로 인해 아픈 개와 고양이가 탄생한 데에는 그들을 구매한 인간도 일조했다. 품종 문제에 있어 수의사나 브리더보다 더 막강한 힘을 가진 사람은 강아지나 고양이를 키우는 사람들이다. 사람들이 혈통과 상관없이 건강한 동물을 선택만 한다면, 인간이 이제껏 망친 결과물에 대한 수요는 사라지고 동물복지는 하룻밤 사이에 급격히 향상될 것이다. 이 책을 읽는 독자들에게 기대를 걸어본다.

3

납작한 얼굴, 큰 눈, 돌돌 말린 꼬리

품종이 가진 여러 문제 중에서 체형 문제를 먼저 다루는 이유는 두 가지다. 첫째, 품종 개, 품종 고양이의 외형은 믿기지 않을 정도로 귀여워 많은 인기를 끈다. 둘째, 정해진 품종의 외형을 가진 개와 고양이는 다른 동물보다 고통받을 가능성이 더 높기 때문이다. 이는 인간이 저지른 전형적인 잘못이다. 부디 글을 읽으면서 마음은 더 열고, 그 동안 잘못 알았던 것들을 모두 잊고 몰랐던 것들을 제대로 알기 바란다.

납작한 얼굴을 좋아하는 이유

이야기를 시작하기 전에 먼저 아래 사진을 살펴보자.

자세히 보지 않으면 각 사진 속에 있는 개, 고양이가 각각 두 마리씩이라는 사실을 놓칠 수 있다. 그러나 주의 깊게 들여다보면 일반적인 개, 고양이 얼굴에 단두개(short faced, brachycephalic, 주둥이가 짧고, 얼굴이 납작한 상태)종 얼굴을 겹쳐 놓은 것임을 알 수 있다. 인간이 선택적 번식을 통해 동물의 얼굴을 얼마나 절단했는지 한눈에 알 수 있는 충격적인 사진이다.

단두개종 동물, 특히 단두개종 개의 인기는 굉장히 높다. 심지어 프렌치불도그는 영국에서 가장 인기 있는 견종인 래브라도리트리버의 자리

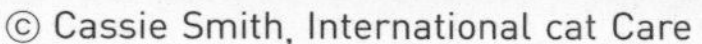

ⓒ Cassie Smith, International cat Care

를 넘보기 시작했다. 복서, 불도그, 퍼그, 페키니즈, 재패니스친, 마스티프, 뉴펀들랜드, 샤페이, 보스턴테리어, 시추, 킹찰스스패니얼, 치와와, 페르시안고양이, 브리티시쇼트헤어, 이그조틱쇼트헤어, 스코티시폴드 등 다양한 단두개종이 있다.

많은 일이 그러하듯 얼굴이 납작한 동물이라도 상황은 제각각이다. 하지만 개든 고양이든 토끼든 공통적으로 얼굴이 납작할수록 더 많은 문제를 겪는다. 이 글을 쓰는 시점에 가장 인기 있는 단두개종은 잉글리시불도그, 프렌치불도그, 퍼그 등 제일 극단적인 형태의 품종이다.

사람이 왜 얼굴이 평평한 동물을 귀엽다고 여기는지에 관한 흥미로운 연구는 많다. 인간을 포함해 포유류 등은 갓 태어났을 때의 얼굴이 성체가 되었을 때보다 약간 평평하다. 주둥이가 긴 품종의 개도 마찬가지다. 또한 갓 태어났을 때의 눈은 머리 크기에 비해 상대적으로 크다. 포유류는 대체로 일정 기간 새끼를 양육하기 때문에 인간도 아기를 보살피려는 욕구가 강하다. 그러다 보니 다 자란 동물보다는 어린 동물을 더 매력적으로 느낀다. 이런 이유 때문에 새끼 시기를 지나 더 이상 귀엽지 않다고 여겨지는 많은 어른 동물이 버려져 가족을 잃는다.

이러니 번식 과정이 사람들이 예뻐하는 방향으로 주둥이는 점점 더 짧아지고, 눈은 점점 더 크게 선택번식 해온 것을 충분히 이해할 수 있다. 아무래도 집 안에 함께 있는 개가 늑대처럼 보이는 것보다는 아기처럼 보이는 것이 나을 테니까.

그런데 다수의 단두개종이 처음 번식된 이유는 실용적인 측면도 컸다. 조금 더 평평한 얼굴이 그들에게 부여한 임무를 수행하는 데 편리할 거라 생각했기 때문이다. 예를 들어 황소와 싸우는 임무(유럽에서는 19세기까지 개가 소를 사냥하도록 하는 불바이팅(bull biting)이라는 잔인한 놀이가 인기를 끌었다_편집자 주)를 맡았던 불도그의 경우 얼굴이 납작하면 소를 물고서도 숨을 쉴 수 있을 거라고 생각해서 개량되었다. 그러나 슬프게도 현실은 달랐다. 현재 수많은 단두개종은 제대로 숨을 쉬지 못하며 산다. 그들의 코는 거의 없는 것이나 마찬가지다.

사람들은 각양각색의 품종에 너무 익숙해져서 동물들의 외모에 어떤 의미가 있는지 생각하지 못한다. 예를 들어 단두개종 개의 보호자는 대다수 개들이 자면서 코를 골거나 깨어 있을 때 숨을 거칠게 쉬는 것을 정상이라고 받아들인다. 심지어 어떤 이들은 그 소리를 몹시 귀엽다고 느낀다. 정상적인 개는 코를 항상 골지 않고, 아플 때를 제외하면 숨을 몰아쉬지 않는다. 단두개종 동물의 숨소리가 왜 그런지 이해한다면 그 모습이 더 이상 귀엽지 않을 것이다.

단두개종 개의 건강 문제에 관한 첫 번째 수의학 논문은 1934년에 발표되었다. 켄넬 클럽이 창립되어 품종 표준을 만든 지 무려 60년 만이었다. 당시 단두개종 개의 사진을 보면 오늘날의 극단적인 모습과는 많이 다르다. 같은 품종이라고 보기 어려울 정도다. 현재 단두개종의 얼굴은 더 납작해졌고 건강은 훨씬 더 나빠졌다.

코의 구조를 통해 알게 된 개가 헥헥거리는 이유

납작한 얼굴이 건강에 미친 영향을 완전히 이해하려면 코부터 시작해서 꼬리 끝까지 쭉 훑어보아야 한다. 우선 단두개종은 머리와 목의 여러 가지 문제로 인해 단두개종 폐쇄성 호흡기 증후군BOAS, Brachycephalic Obstructive Airway Syndrome이 생긴다. 복잡하게 들리지만 쉽게 말하면 단두개종 동물의 호흡 능력에 여러 문제가 생긴다는 뜻이다. 호흡곤란은 당연히 심각한 증상이지만 단두개종이 겪는 수많은 고통 중 하나일 뿐이다.

가장 먼저 맞닥뜨리는 문제는 '코'다. 정상적인 개와 고양이의 콧구멍은 넓게 열려 있는 반면 단두개종은 다양한 수준의 비공협착증stenotic

단두개종 고양이는 오른쪽의 정상 고양이에 비해 피부에 주름이 깊게 파여 있다. © Adobe Stock

단두개종 고양이의 코 위치는 오른쪽의 정상적인 고양이와 많이 다르다. © Adobe Stock

nares을 가지고 있다. 콧구멍이 좁다는 단순한 말이지만 좁은 정도에 따라 문제는 달라진다. 극단적인 경우는 사실상 콧구멍이 꽉 막힌 것이나 다름없기 때문이다.

당장 큰 문제로 보이지 않지만 개와 고양이가 받는 고통은 훨씬 심각하다. 우리는 개가 헥헥거리며 입으로 숨 쉬는 모습에 익숙하다. 하지만 놀랍게도 고양이는 입으로 숨 쉬는 것을 싫어하는 동물이다. 그들은 호흡이 곤란하거나 건강에 문제가 생겼을 때, 극심한 스트레스를 받거나 공포감을 느낄 때만 입을 열고 개구호흡을 한다. 고양이가 좁은 콧구멍 때문에 입으로 숨을 쉬는 모습은 결코 자연스럽지도 귀엽지도 않다(27쪽 사진 네 장을 살펴보자).

안타깝게도 고양이는 가만히 앉아 있는 걸 너무 잘해서 호흡 문제가 심각해도 보호자가 알아채지 못하는 경우가 많다. 단두개종 고양이가 커튼이나 다른 것을 타고 오르지 않고 가만히 있을 때 얌전해서 그렇다고 착각해서는 안 된다.

개는 입으로 숨 쉬는 것이 일상이기 때문에 콧구멍 문제가 덜 심각해 보인다. 개는 운동을 위해 더 많은 공기가 필요하거나 열을 식혀야 할 때 입으로 숨을 쉬기 때문이다. 물론 인간도 운동할 때 입을 벌린 채 숨을 쉬긴 한다. 하지만 감기에 걸려 코가 막힌 상태에서 입으로 숨을 쉬는 것은 불편하다. 쉬거나 잘 때는 누구나 코로 숨을 쉬어야 한다. 개도 마찬가지다(29쪽 사진 참조). 잠을 잘 때 입으로 숨을 쉬는 것은 개에게는 아주 힘든 일이다. 이 부분은 뒤에서 다시 다룰 것이다.

최근 연구를 통해 개의 헥헥거림에 대한 해묵은 오해가 풀렸다. 오랫동안 개가 헥헥거리는 이유가 입으로 빠르게 호흡하면서 혀를 공기에 노출시켜 피를 식히고 체온을 낮추기 위해서라고 믿었다. 하지만 사실이 아니었다. 개에게 코가 얼마나 중요한지에 대한 결정적인 이유가 새롭게 밝혀졌다.

개의 콧구멍을 따라 안쪽으로 조금 들어가면 주둥이를 삼등분했을 때의 가운데 부분에 도착한다. 바로 여기가 정말 대단한 곳으로 밝혀졌다. 비갑개concha 혹은 코선반turbinate이라고 부르는 작은 구조물로 가득한 이곳은 면적이 아주 넓으며 아름답게 빛나는 점막으로 덮여 있다. 놀랍게도 이 구조는 빽빽하고 구불구불하지만 절대 서로에게 닿거나 문질러지지 않도록 진화했다. 표면에는 특별한 액체가 있어서 항상 촉촉한 상태를 유지하고, 비갑개에는 혈관이 밀집되어 있다. 이를 통해 개가 헥헥거릴 때 입으로 숨 쉬지 않는다는 사실을 비로소 알게 되었다. 모든 공기는 코를 통해 들어가고 있었다. 바깥의 시원한 공기가 이 촉촉하고 혈관이 많은 표면을 지나며 몸을 식혀 주는 것이다. 코의 중간 부분은 개의 체온

일반 개의 잘 열려 있는 정상적인 콧구멍. © Anna Porter

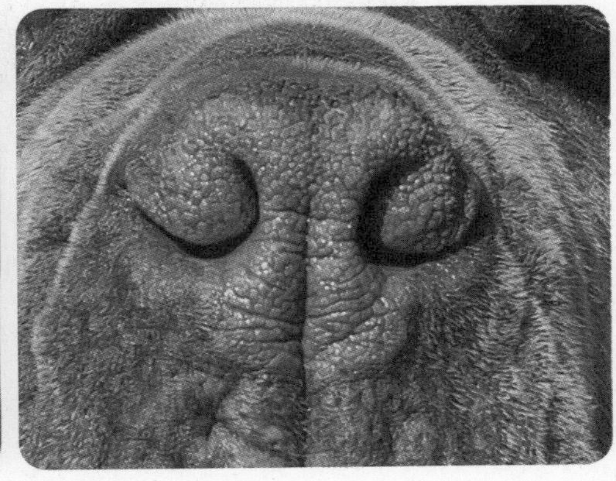

콧구멍이 꽉 막힌 단두개종 개의 코. © Kate Price, Adobe Stock

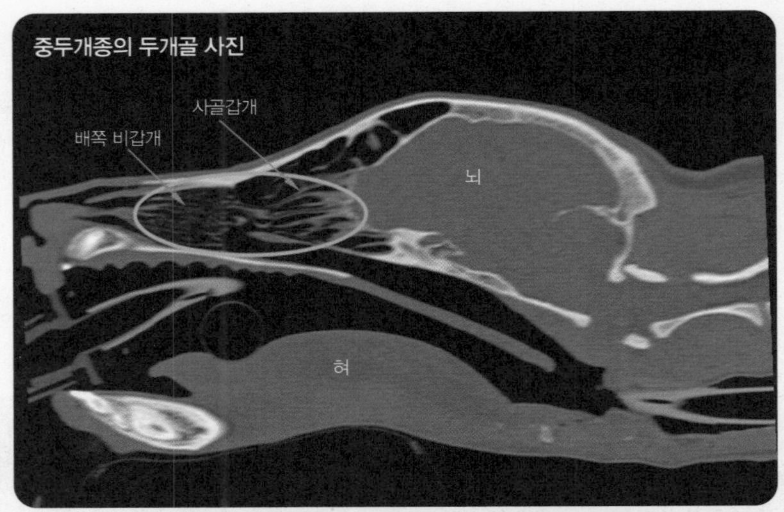

열을 식히는 부위인 비갑개가 넓은 정상적인 개.

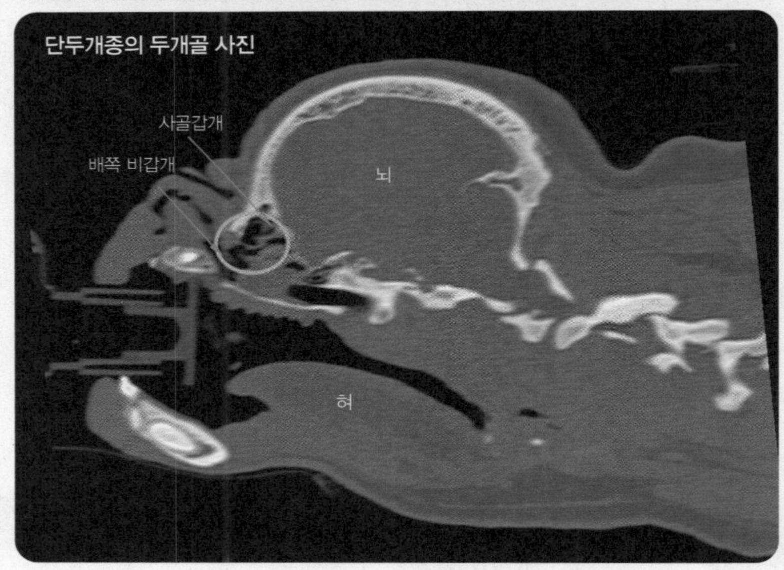

사실상 비갑개 부분이 전혀 없는 단두개종 개.

조절에 결정적인 영향을 미치고, 특히 뇌의 온도를 조절하는 데 매우 중요한 역할을 한다. 위의 사진에서 파란색 타원형으로 표시한 부분이 체온을 떨어뜨리는 부위다. 그런데 단두개종은 이를 위한 공간이 거의 사라져서 없다. 결과적으로 단두개종은 정상적인 개보다 10도 정도 낮은 온도부터 헥헥거리기 시작한다. 그리고 같은 이유로 일사병과 열허탈에 취약하다. 체온이 심각하게 높아질 때 이를 멈출 능력이 없기 때문이다.

주둥이가 짧아서 혀도 이빨도 들어갈 자리가 없다

콧속 공간이 부족해서 고통받는 것은 코뿐이 아니다. 단두개종 폐쇄성 호흡기 증후군 수술 분야의 전문가는 단두개종의 머리를 이사에 비유했다. 60평짜리 아파트에서 쓰던 가구를 6평짜리 공간에 몽땅 쑤셔넣는 것과 같다는 것이다. 인간이 점점 더 짧은 턱과 얼굴을 선택하면서 이빨, 혀, 연구개(입천장 뒤쪽의 연한 부분)의 모든 조직과 구조물이 그 작아진 공간에 몰아넣어졌다.

따라서 단두개종 동물의 치과 질환도 심각하다. 턱뼈가 너무 짧다 보니 이빨이 돌아가거나 옆으로 자라는 경우가 많다. 또한 단두개종은 대부분 아래턱이 위턱보다 돌출된 부정교합을 표준으로 삼는다. 개와 고양이에게 굉장히 부자연스러운 이 모습은 치열이 정상적으로 형성되지 못

단두개종은 구강이 좁아 이빨이 힘겹게 나거나 공간에 맞춰 틀어진다. © Dr. Fraser Hale

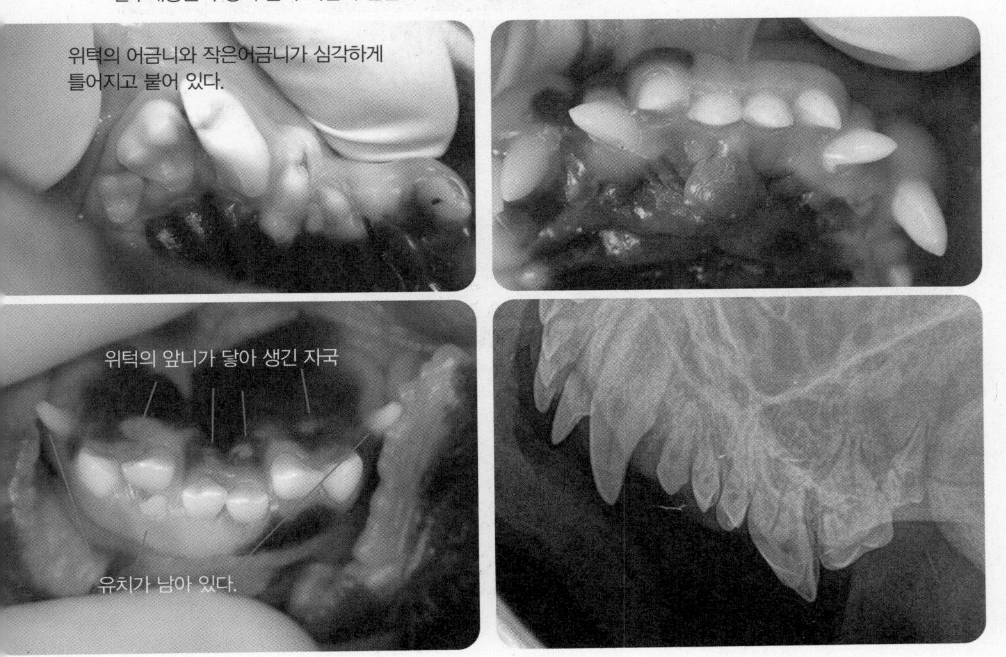

한다는 뜻이기도 하다. 따라서 일부 개와 고양이는 음식을 씹는 것은 고사하고 음식을 입에 물 수도 없다. 많은 동물이 나쁜 치열 때문에 입 안에 심각한 상처가 생긴다. 이빨이 입술과 경구개(입천장 앞쪽의 단단한 부분) 같은 다른 구조물을 건드리기 때문이다. 치과 전문 수의사가 본 심각한 개 중에는 어금니가 자랄 공간이 없어서 비강(코 안)을 파고든 경우도 있었다. 상태가 가벼우면 상처도 덜 하겠지만 아래턱이 돌출되거나 단두개종인 동물은 모두 어느 정도의 치과 질환과 부정교합을 가지고 있다. 31쪽과 32쪽의 사진을 비교해서 보면 알 수 있다.

네 장의 사진 모두 정상적이고 건강한 구강이다. 치열이 고르다.
© Dr. Fraser Hale

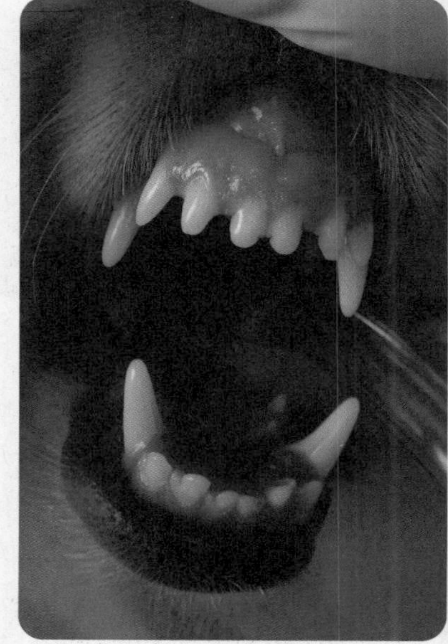

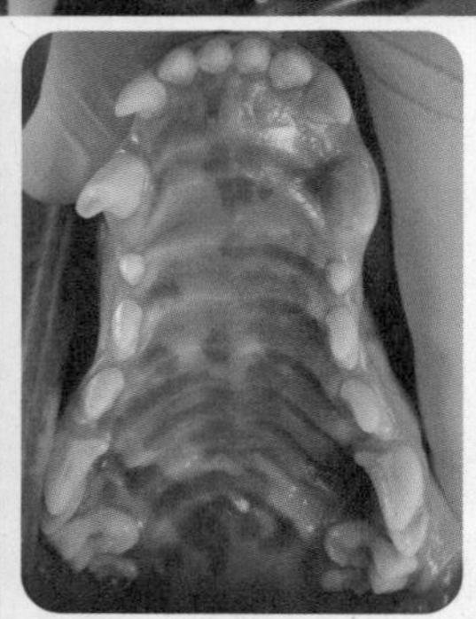

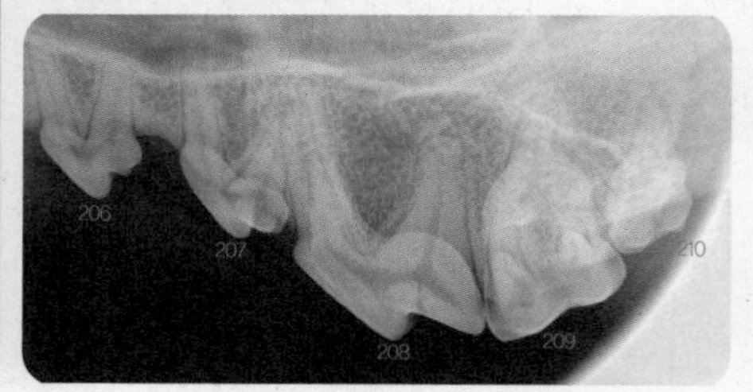

치과 전문의 프레이저 헤일의 말이다.

사실상 모든 단두개종 개와 고양이는 부정교합을 가지고 있다. 중두종(mesocephalic head, 두개골의 길이가 중간 이상으로 긴 종)만 정상교합을 가지고 있다.

단두개종 동물의 턱은 너무 짧은데다가 대부분 위턱이 아래턱보다 지나치게 짧아 제자리에 있는 이가 하나도 없다. 가끔 위턱과 아래턱의 결합이 괜찮은 경우는 위아래의 턱이 모두 비슷하게 짧은 경우다. 이 또한 치아 과밀 문제로 이어져 치주 질환이 발생할 가능성이 매우 높아진다. 단두개종 동물은 선천적으로 이가 전혀 없거나 거의 없이 태어나지 않는다면 건강한 구강을 갖기 어렵다.

인간이 깊이 반성해야 한다. 모든 단두개종 동물과 하악 돌출이 표준인 품종은 평생 동안 치과 질환과 통증, 불편, 기형에 시달리도록 교배되는 것이다.

단두개종 개가 혀를 빼물고 있는 사진을 본 적이 있을 것이다. 소셜 미디어[인스타그램, 페이스북 등 사회관계망서비스(SNS)를 이용하는 미디어]에서 귀엽고 매력적인 모습이라며 끝도 없이 퍼져 나간다. 사실 사진 속 개들은 대부분 입속에 혀를 넣을 공간이 없을 뿐이다. 널찍한 아파트에 살다가 오막살이로 이사가는데, 원래 갖고 있던 가구도 전부 옮겨야 한다면 어떨까. 혀가 초대형 소파라고 생각하면 된다. 재패니스친은 얼굴이 가장 납작한 개로 손꼽히는데 한때 브리더로 일한 동물 보건 활동가가 충격적인 이야기를 해 주었다. 일부 브리더는 재패니스친의 튀어나온 혀가 도그쇼에서 결점이 되기 때문에 혀끝을 자르는 수술을 한다는 것이다.

호흡곤란으로 편하게 누워서 자기도 힘들다

연구개를 살펴보면 상황은 더 심각하다. 연구개는 음식을 먹을 때 음식물이 비강으로 흘러 들어가지 않도록 막고, 기도를 보호하는 작고 똑똑한 기관이다. 이 기관 역시 작아진 집에 구겨넣어야 하는 가구 중 하나다.

단두개종 동물 다수는 연구개가 기도 안으로 빨려 들어간다. 그래서 마치 치렁치렁한 커튼이 문을 여닫을 때 틈에 끼듯이 기관을 부분적으로 막는다. 특히 운동을 할 때 기도 전체가 막히는 문제는 아주 심각하다.

한 번이라도 너무 작은 집으로 이사 가서 질질 끌리는 커튼 때문에 겨우 문을 열고 쌓인 가구 위로 올라가 봤다면 응급상황에 밖으로 빠져나갈 수 있는 비상구를 확인하려고 틀림없이 뒷문을 열어보았을 것이다. 바로 이런 일이 단두개종 동물의 후두와 기관에서 일어나고 있다.

단단한 구조물인 후두는 기도가 시작되는 부분이자 발성 기관이 있는 곳이다. 개와 고양이의 후두 입구 근처에는 작은 주머니가 두 개 있다. 무슨 기능을 하는지는 아직 밝혀지지 않았지만 단두개종 동물은 이 주머니가 튀어나오거나 뒤집어져 있는 경우가 많다. 아마도 호흡하기 위해 애쓰다가 기도 전체에 더 많은 압력이 가해져서 결과적으로 주머니를 잡아당겼을 것이다. 원인이 무엇이든 튀어나온 주머니는 기도로 들어가는 공기 흐름을 막는 또 다른 요소가 된다. 이전 세입자가 놓고 간 안락의자 두 개가 뒷문을 막았다고 보면 적절한 비유일 것이다.

마침내 안락의자를 기어 넘어가 비상구를 발견했는데 어른은 고사하고 어린아이도 간신히 탈출할 만큼 좁은 골목이 나타난다. 자기도 모르는 사이에 인간은 단두개종 동물이 몸집에 비례해 아주 좁은 기관을 갖도록 선택, 번식한 것이다.

이 모든 것들을 한꺼번에 기도로 집어넣으면 그야말로 숨이 막히고 호흡하는 모든 단계에서 답답함을 느낄 것이다. 앞서 설명했듯이 개는 입을 벌리고 자는 것이 매우 어려운 종이지만 몇몇 단두개종 동물에게는 죽느냐 사느냐의 문제다. 그런데 단두개종 개가 거대한 혀를 빼문 사진은 소셜 미디어에서 '귀여운' 사진으로 공유된다. 뿐만 아니라 '완전 웃긴' 영상이라며 떠도는 영상 속에서 단두개종 개는 앉은 채로 졸다가 고꾸라진다. 영상 속 동물은 어딘가에 기대거나 장난감과 뼈다귀를 갖고 놀다 잠이 든다. 하지만 이런 일이 일어나는 진짜 이유를 알고 나면 폭소하는 이모티콘과 끝도 없는 공유 횟수가 끔찍하게 느껴질 것이다.

지나치게 큰 연부조직이 기도를 막는 단두개종 동물 대다수는 쉬거나 누워 있는 자세에서 기도가 꽉 막히게 된다. 그래서 단두개종은 입을 벌린 채 목을 쭉 빼고 몸을 꼿꼿하게 세워 기도를 일직선으로 하는 자세여야만 숨을 쉴 수 있다. 그리고 참을 수 없게 슬픈 사실은 이런 동물들이 꾸벅꾸벅 조는 이유가 꼿꼿하게 서 있다가 지쳤기 때문이라는 점이다. 이 가여운 생명체들이 반려동물 장난감 브랜드인 콩kong 브랜드의 속이 텅 빈 장난감을 물고 잠드는 슬픈 이유를 이제 알 수 있을 것이다. 속이 텅 빈 장난감을 입에 물고 자면 그나마 누워서도 가까스로 숨을 쉴 수 있다는 사실을 체득했기 때문이다. 그러니 이런 슬픈 사진이나 영상을 공유하지 말자.

물론 앞서 이야기한 대로 어떤 동물은 기도 전체가 아니라 한두 부위만 영향을 받아서 그다지 심각하지 않은 수준으로 호흡할 수도 있다. 품종이나 개체에 따라 심각성은 다양하게 나타난다. 하지만 보통의 개는 단두개종 폐쇄성 호흡기 증후군을 앓지 않는다. 이 통계는 매우 중요하다. 거의 한 세기에 걸쳐 단두개종 형태가 개의 건강과 복지에 악영향을 끼친다는 사실이 밝혀졌다. 그럼에도 불구하고 점점 더 극단적인 형태로 동물을 번식시키고, 그런 동물의 인기도 올라가고 있다.

호흡곤란에 비만인 개가 정상이라고 부추기는 품종 표준

케임브리지 대학교의 연구팀은 꽤 독특한 연구를 시작했다. 단두개종 개를 크고 탁 트인 방에 두고 어떠한 간섭도 없는 상태에서 공기의 흐름과 호흡 패턴을 측정한 것이다. 연구자들은 사전 검사 후 개에게 짧은 운동을 시킨 다음 호흡을 측정하고 검사했다. 단두개종 폐쇄성 호흡기 증후군은 완전히 정상인 0등급부터 생명을 위협할 정도로 심각한 3등급까지 나뉘는데 그래프에서 볼 수 있듯 가장 인기 있는 세 가지 견종의 질

인기 품종의 단두개종 폐쇄성 호흡기 증후군 점수

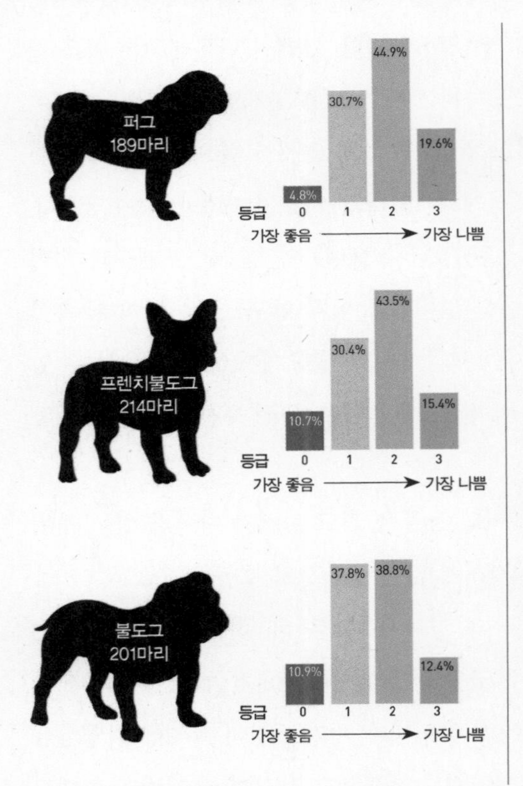

보통 개 28마리는 모두 가장 좋은 호흡 능력을 보여 줬다.

등급 0 정상 호흡
등급 1 가벼운 단두개종 폐쇄성 호흡기 증후군
등급 2 중간 정도의 단두개종 폐쇄성 호흡기 증후군, 체중 관리 (그리고/또는) 수술이 필요하다.
등급 3 즉각적인 수술이 필요하다.

Brachycephalic numbers from Table 2; Conformational risk factors of brachycephalic obstructive airway sydrome (BOAS) in pugs, French bulldogs, and bulldogs, Liu et al., 2017. Control numbers from Table 2; Whole-body barometric plethysmography characterizes upper airway obstruction in 3 brachycephalic breeds of dogs, Liu et al., 2016.

병 수준은 끔찍했다. 퍼그가 가장 심했는데 겨우 4.8퍼센트만이 0등급이었고 5분의 1 정도가 3등급이었다. 건강과 복지 측면에서 비극에 가까운 실험 결과다. 반면 그래프에서 보듯 단두개종이 아닌 개는 모두 0등급을 받았다. 연구는 계속 진행 중이므로 표본 수는 증가할 것이며 데이터는 바뀔 수 있지만, 현재로서는 특정 품종이 위험에 빠졌다는 사실은 명확하다.

단두개종 폐쇄성 호흡기 증후군은 진행성 질환이다. 어릴 때는 거의 눈에 띄지 않다가 나이가 들수록 더 심각한 수준으로 발전한다. 이는 이 품종을 분양받기로 하고 좋은 브리더를 물색할 때 가장 중요한 부분이다. 단두개종 동물은 3살 전에는 단두개종 폐쇄성 호흡기 증후군을 일으킬 가능성이 있는지 알 수 없기 때문에 그 이전에는 번식을 해서는 안 된다.

이런 품종의 동물에게 영향을 미치는 마지막 요소는 비만이다. 살이 찌면 지방으로 된 연부조직이 몸의 여러 군데에 많아지고 목도 포함된다. 앞서 이런 품종의 기도폐색에 대해 상세하게 언급했는데 살까지 찌면 상황은 훨씬 악화된다. 목 주변의 추가적인 조직은 기도를 더욱 압박한다. 단두개종 동물은 반드시 날씬한 몸을 유지해야 한다. 이런 상황인데 모든 단두개종 개 중 최악으로 꼽히는 퍼그의 품종 표준서에 서술된 품종 표준 설명은 충격적이다.

"퍼그는 … 다리가 너무 짧아 보이면 안 되고, 너무 호리호리하거나 다리가 길어도 안 된다."

날씬하면 안 된다니. 받아들이기 힘든 기준이다. 품종 표준이 비만을 요구하다니! 그야말로 학대를 조장하는 일이다. 이런 기준은 단두개종에게 사실상 사형 집행 영장이나 다름없다. 2017년 켄넬 클럽이 개정한 품종 표준서에 실린 이상적인 퍼그 사진은 영락없이 살찐 퍼그였다.

연구에 따르면 슬프게도 이런 동물의 보호자 중 절반 이상은 호흡 문제로 인한 증상을 인지하지 못한다. 그 모습이 정상이라고 생각하기 때문이다. 몇몇 보호자는 자기가 키우는 단두개종 개의 코 고는 소리를 듣지 않으면 잠을 못 잔다고 한다. 단두개종을 키우는 사람들은 기도수술을 받은 뒤 깜짝 놀란다. 수술 전까지는 그동안 자신의 반려동물이 숨을 제대로 못 쉬었다는 사실을 전혀 몰랐기 때문이다.

단두개종 폐쇄성 호흡기 증후군과 치과 질환이 끝이면 좋으련만 단두개종의 문제는 끝이 없다. 눈과 얼굴 주름, 소화기 문제, 뭉툭하거나 말린 꼬리를 살펴봐야 할 차례다.

큰 눈, 흐르는 눈물, 피부 주름

큰 게 아니라 튀어나온 눈은 각종 질환을 유발한다

커다란 눈과 주름진 피부 역시 단두개종과 밀접한 연관이 있다. 앞에서 언급한 혀와 연구개처럼 머리, 피부도 두개골이 짧아지는 속도를 따라잡지 못했다. 그래서 많은 단두개종 개와 고양이는 코 주위에 주름이 있고, 감염과 상처에 취약한 돌출형 눈을 갖게 되었다. 피부 주름의 문제에 대해서는 5장에서 상세히 다룰 예정인데 먼저 언급하는 이유는 피부 주름이 단두개종 동물의 공통된 특징이고, 단두개종을 키우는 많은 사람들이 관련 문제를 완화하기 위해 애쓰고 있기 때문이다. 많은 단두개종 보호자들은 코골이와 유별난 피부 관리를 일상으로 받아들인다. 하지만 정상적인 개와 고양이는 대부분 매일 세수할 필요가 없다.

인간은 왜 커다란 눈을 귀여워할까? 눈이 큰 동물의 문제는 실제로 눈이 이렇게 클 필요가 전혀 없다는 것이 문제다. 당연한 말이겠지만 동물도 살아가는 데에 눈이 매우 중요하다. 개와 고양이 같은 포식 동물에게 먹이의 위치를 파악하고 거리를 재는 일은 중요하다. 따라서 눈은 자연스럽게 대상을 잘 볼 수 있도록 진화했다.

보통의 개와 고양이의 눈은 사고의 위험으로부터 보호하기 위해 두개골의 둥글고 깊은 구멍 속에 있다. 또한 지속적으로 눈물이 흘러 먼지와 때를 씻어내고 눈을 촉촉하게 한다. 눈에 이물질이 들어가면 눈물을 더 많이 생산해서 눈 밖으로 흘려보낸다. 눈썹은 더 큰 크기의 외부 물질을 거르고, 눈 깜빡임 역시 눈을 깨끗하게 보호한다. 눈물은 노력하지 않아도 저절로 비루관(눈에서 코로 이어지는 눈물길)을 통해 콧속으로 흘러 들어간다. 비루관은 눈꺼풀과 비강을 연결하는 미세한 통로다. 눈은 놀라운 기관으로 자연이 만든 걸작품이다. 그런데 인간이 등장하고 말았다!

단두개종의 눈을 더 크게 보이게 만든 방법은 눈을 더 드러낸 것뿐이다. 인간이 두개골을 점점 더 납작하게 만들면서 눈이 자리하고 있던 안와의 깊이가 점점 얕아졌다. 그래서 눈은 바깥으로 툭 불거져 나왔고, 때로는 눈의 흰자위도 보이게 되었다. 일반적인 동물은 질병에 쉽게 노출되고 상처받기 쉬운 부위인 흰자위는 숨겨져 있다.

많은 브리더와 동물 관련 사이트에서는 튀어나온 눈을 다치게 할 수 있는 뾰족한 물건을 잘 치우라고 조언한다. 얼마 전 책 홍보를 위해 반려동물 박람회에 갔을 때 어린이 구역에서 지겨워 몸을 뒤틀던 한 소녀를 봤다. 소녀는 색색의 빨대 묶음을 갖고 놀다가 급기야 빨대를 자기 주변에 꽂아 놓았는데 프렌치불도그의 보호자가 지나가다가 개가 다칠 수 있으니 빨대를 치우라고 하는 상황이 발생했다. 기형적 눈을 가진 개로 인한 해프닝이었다.

어이없는 얼굴 모양 덕에 비루관 역시 뒤틀어졌다. 통로가 뒤틀리자 뭉개지고 구부러져 관이 쉽게 막힌다. 눈물이 흘러나가야 할 배수구가 막히면 눈에서 눈물이 흘러넘쳐 얼굴을 적신다. 많은 사람들은 이 현상을 정상이라고 믿는다. 하지만 건강한 개와 고양이에게는 절대로 정상이

툭 불거진 눈이 노출되어 있으면 안구에 상처가 생기기 쉽다. © David Gould

아니다. 영양학적 조언을 구하는 수의사들의 문의 전화를 많이 받는다. 보호자들은 수의사에게 음식이 눈물 자국을 유발하는지, 어떤 음식을 끊으면 눈물 자국을 없앨 수 있는지 질문하는데 전부 터무니없는 말이다. 단두개종 동물들에게 눈물 자국이 있는 이유는 동물의 두개골이 기형이라서 눈물이 넘쳐흐르기 때문이지 음식 때문이 아니다.

또한 눈이 큰 동물들은 눈이 빠질 수도 있다. 이는 매우 충격적인 사실이다. 믿기 어렵겠지만 발톱을 깎거나 털 빗기, 주사를 놓기 위한 진료 등 단두개종 동물을 꽉 붙잡았을 경우 동물의 눈알이 빠졌다는 보고가 많다. 물론 대다수가 그런 것은 아니지만 지금 같은 선택번식은 정말 문제가 많아서 지금 당장 멈춰야 하는데 아무도 귀 기울이지 않고 있다.

위의 사진처럼 눈동자가 불거져 나온 단두개종은 돌발적인 사고를 더 쉽게 당한다. 동시에 눈꺼풀이 눈을 충분히 덮어 주지 못해서 정상 눈에 비해 안구가 더 쉽게 건조해진다. 건조한 눈은 불편한 느낌을 주고, 궤양

얼굴 피부 주름은 불거진 눈알을 자극한다.
ⓒ David Gould

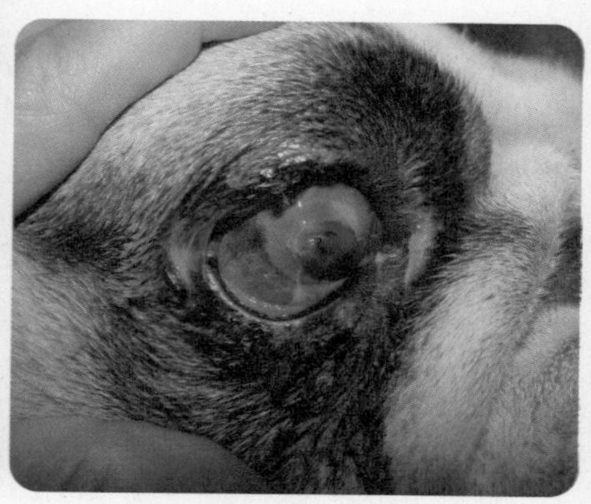
치료가 어려운 궤양은 안구파열을 일으키기도 한다.
ⓒ David Gould

이 생겨 잘 낫지 않는다.

얼굴 주변의 피부 주름도 눈에 손상과 통증을 자주 유발한다. 많은 단두개종에서 얼굴 피부의 주름은 눈 쪽으로 솟아 있다. 이에 따라 속눈썹이 눈을 찔러 통증을 유발하고 눈을 찌르는 일이 지속되면 결과는 끔찍해진다.

이로 인한 만성 궤양과 외상은 단두개종 동물의 안구적출수술의 큰 원인이다. 이런 이유로 단두개종 동물의 경우 눈이 하나인 동물의 비율이 단두개종이 아닌 동물보다 훨씬 높다.

눈물샘이 튀어나오는 체리아이

단두개종의 또 다른 문제는 체리아이cherry eye라고 부르는 증상이다. 고양이도 체리아이가 생길 수 있지만 개에게 훨씬 흔하다. 눈물은 수많은 종류의 눈물샘에서 생성되는데 이 눈물샘 중 하나가 3안검에 있다. 3안검은 양쪽 눈의 안쪽 귀퉁이에서 둥근 테두리 형태로 볼 수 있는 또 하나의 눈꺼풀이다. 눈물샘 중 하나는 이 눈꺼풀 안에 들어 있는데 가끔 튀어나와서 빨갛게 부어오른 모습으로 보이곤 한다. 이 증상은 단두개종이 아닌 품종에서도 보이지만 불도그와 같은 품종에서는 매우 일반적이다.

체리아이를 치료하는 과정에서 수의사들은 돈만 밝히는 장사꾼이나 돌팔이라고 공공연히 비난받는다. 수술로 체리아이를 교정하려면 수십만 원이 필요한데 그 대목에서 화를 낸다. 그러고는 인터넷에서 단돈 몇만 원에 해결할 수 있다는 광고를 찾는다. 그리고 의문이 생긴다. 왜 수의사는 훨씬 싸게 처리할 수 있는 일을 그렇게 비싸게 받지? 답은 간단하다. 수술비가 비싸다면 동물에게 더 이로운 방식으로 치료하기 때문이다. 그렇지 않은 경우는 보호자나 브리더가 원하는 대로 싸게 단순히 잘라버리는 방법을 사용하기 때문이다. 그렇게 체리아이가 있는 동물 중 절반에 가까운 동물이 평생 동안 문제를 안고 살게 된다.

체리아이를 치료하는 방법은 마취 후 수술적으로 탈출한 눈물샘을 재위치시키는 것이다. 정상적으로 눈물을 생산하는 필수 기관이 기능을 계속 잘 하도록 만들어야 한다. 물론 튀어나온 부분을 빠르게 싹둑 잘라 버리면 고친 것 같지만 눈물샘이 잘리고 나면 거의 절반의 개들은 일생 동안 안구건조증으로 고통받는다. 안구건조증은 통증을 동반하고 치료하기가 어려우며 궤양이나 더 심한 안구손상을 일으켜 안구를 적출해야 하기도 한다.

어떤 단두개종 웹사이트에서는 보호자들에게 체리아이를 치료하기 위해 수의사에게 가지 말고 그냥 잘라 버리라고 조언한다. 수의사들에게 좌절감을 주는 상황이다.

이렇듯 단두개종 개와 고양이의 머리는 심한 기형이며 머리 형태 때문에 극심한 수준의 질병을 겪고 있다. 인간이 그들에게 이런 비극을 주었다는 것을 반드시 기억해야 한다.

장 문제

앞에서 단두개종 개들은 정상적으로 숨을 못 쉰다는 점을 설명했는데 이 때문에 의도치 않은 연쇄반응이 일어난다. 단두개종은 다양한 위장 문제로 고통받는다. 단두개종 개들은 숨을 쉬려고 노력하다 보니 음식물을 삼키면서 공기를 깊이 들이마시는 경향이 생긴다. 그래서 어떤 개들은 먹는 일과 호흡하는 일을 동시에 하기 어려워서 구토를 하거나 음식이 역류하는 일이 흔하다. 게다가 이 개들은 숨을 쉴 때 가슴에 비정상적인 압력이 가해진다. 기본적으로 기도가 제한되면 공기를 마시기 위해 큰 노력을 해야 하기 때문이다. 가슴에 가해지는 이 음압은 횡격막을 통해 위장 일부를 흉부로 빨아들이게 되고, 그로 인해 흉부탈장이 생긴다. 또한 식도 역류를 유발할 확률이 높다. 이는 강산성의 위액이 식도로 끌어올려지면서 식도 점막에 손상을 주고 궤양을 만들어서 잠재적으로 식도협착과 같은 심각한 문제를 일으킨다. 연구에 따르면 위장 관계 증상을 보이지 않았던 개들도 보호자가 모르는 사이에 위장병변을 보였다.

척추 문제

단두개종의 일부 품종 표준은 나선형으로 동그랗게 말린 꼬리를 요구한다. 퍼그나 불도그는 짧고 뭉툭한 꼬리가 '바람직하다'고 여겨진다. 앞에서 언급했듯 동물을 고를 때 기준을 오직 외모에만 둔다면 동물의 건강은 분명 무시하게 된다. 비정상적으로 짧고 말린 꼬리를 얻기 위해 선택교배를 한 결과 이 동물들은 반척추증이라고 하는 척추기형에 시달리게 되었다. 척추를 이루는 뼈가 기형으로 자라서 척추가 뒤틀리는 병이다. 꼬리가 꼬이게 되는 원리와 같다. 이 작용이 척추의 나머지 부분에도 영향을 준다. 이 질병이 있는 일부 동물은 생후 몇 달 동안만 통증을 느끼기도 하지만 일부는 통증이 계속되어 아예 걷지 못하게 되거나 대소변을 흘리고 다니게 된다. 수술이 도움을 줄 수도 있지만 전부 치료하지는 못한다. 뭉툭하고 꼬인 꼬리를 원하지 않는다면 피할 수 있는 수술이다.

단두개종은 인간의 어리석음이 낳은 결과다

단두개종 동물의 질병과 기형의 수준은 반박의 여지가 없지만 그중에서도 가장 짜증나는 것은 번식 문제다. 품종 표준이 큰 머리와 좁은 골반을 요구하기 때문에 새끼가 태어날 때 어미의 좁은 골반을 자연스럽게 통과하지 못한다. 그래서 제왕절개가 흔하다. 도와주지 않으면 짝짓기조차 하지 못하는 경우도 많다. 그런데 이 품종들은 기도가 심각하게 좁기 때문에 제왕절개수술처럼 마취가 필요한 수술에서 마취의 위험성이 훨씬 높아진다. 한 연구는 85퍼센트의 프렌치불도그가 제왕절개로 태어난다고 밝혔다. 인간이 저지른 큰 잘못에 자연은 이런 식으로 경고한다.

누군가 말했다. 만약 번식이라는 가장 기초적인 시험을 통과하지 못하는 동물 집단이 있다면 그들의 존재가 계속될지 면밀히 검토하고 의심해야 한다고. 단두개종 동물은 인간의 의료적 개입이라는 동아줄을 붙잡고 겨우 매달려 있다. 이제 인간이 실수를 저질렀고 계속 반복해 왔다는 사실을 받아들여야 한다.

전 세계의 수의사 단체는 얼굴이 납작한 개와 고양이를 사지 말라고 경고한다(부끄럽게도 한국은 아니다_옮긴이 주). 의학적·외과적으로 가장 선두에 있는 전문가들은 동물복지를 위해 단두개종 형태를 받아들이면 안 된다고 호소한다. 슬프게도 이런 수의사들의 목소리는 영향력이 너무 작아서 사람들이 개나 고양이를 사고 사랑에 빠지는 과정에서 들리지 않는다. 소셜 미디어의 글과 영상도 단두개종에 대한 잘못된 인식을 키우고 덕분에 수많은 동물의 고통은 계속된다.

모든 단두개종 동물이 앞에서 언급된 모든 질병에 심각하게 영향을 받지는 않지만 수많은 연구 결과는 이제 그만 멈출 때라고 말하고 있다. 동물의 고통을 과소평가해서는 안 된다. 이미 말했지만 반 이상의 단두개종 보호자들은 자신의 동물이 호흡부전 증상을 보이고 있다는 사실조차 깨닫지 못하고 있다. 그 증상이 당연한 줄 알기 때문이다. 지금 당장 빨래집게로 내 코를 집거나 빨대로 숨을 쉬어 보면 알 것이다. 동물들이 일생동안 어떤 삶을 살고 있는지.

부디 얼굴이 납작하거나 아래턱이 앞으로 나온 개와 고양이를 원하지 말자. 이 체형을 가진 개와 고양이 모두 엄청난 수준의 불필요한 고통을 겪는다. 이 종들은 수의사의 개입이 없다면 두 세대 안에 사라진다. 그중 다수가 삶도 번식도 불가능하기 때문이다. 사람들이 이런 동물을 사고 소유하지만 않아도 건강한 동물과 행복하게 살 수 있고, 동물복지에도 대단한 기여를 하게 된다.

2017년 10월, 유전기형질병학회에 참가했을 때 세계를 선도하는 각 분야의 수의사들은 확신에 찬 전문가의 견해를 내어놓았다. 모든 내용을 한 번에 정리한 한마디는 이것이다.

"단두개종은 인간의 어리석음이 낳은 직접적인 결과다."

4

짧은 다리, 긴 허리, 접힌 귀

견종 표준서가 말하지 않는 것

어떤 견종은 일반 견종에 비해서 허리가 길 뿐만 아니라 다리 길이에 비해서도 상대적으로 허리가 지나치게 길다. 이는 몸을 자유로이 움직이게 하는 운동공학에 문제가 된다. 또한 성장을 유전적으로 조절하는 문제기도 하다. 생각해 보자. 지지력이 약하고 길이가 긴 교량을 설계한다면 누가 봐도 그 결과는 틀림없는 실패다. 교량의 길이가 길다면 당연히 지지대가 튼튼해야 한다. 교량 한가운데는 물론 양쪽 끝 지지대까지 모두 튼튼해야 한다. 허리가 긴 견종은 긴 교량과 같은데 가운데 기둥을 세우지 못한다. 그래서 허리가 긴 개의 척추는 항상 버거울 정도로 하중을 지탱해야 하고 어느 순간 무너질 가능성이 있다. 많은 견종이 이렇게 짧은 다리와 긴 허리를 갖도록 설계되고 '제작'되었다. 잭러셀테리어, 불도그, 바셋하운드과, 댄디딘몬트, 체스키테리어, 스카이테리어, 웰시코기가 이에 속하며 가장 극단적인 예는 닥스훈트다.

2004년 켄넬 클럽이 발간한 닥스훈트의 견종 표준서breed standard에는 "허리의 길이가 길수록 척추뼈 사이를 채우고 있는 추간판disc이 약해지는 경향이 있다. 그래서 허리 근육은 짧고 튼튼해야 한다. 절대 비만해지지 않도록 주의해야 한다."라고 되어 있다.

켄넬 클럽은 2017년에 견종 표준서를 업데이트했다. 닥스훈트의 외모에 대한 설명 부분이다. "몸은 다부진 근육질에 과하지 않게 적당히 길어야 하고, 체고는 낮되 지면에서 충분히 떨어져 자유롭게 움직일 수 있어야 한다." 100년 전 닥스훈트 사진은 허리의 길이와 다리의 짧은 정도가 현대의 닥스훈트 모습과 많이 다르다. 새로 나온 견종 표준서의 닥스훈트 사진은 개의 모습이 맞는지 믿기 어려울 정도다. 다리는 사실상 존재하지 않고, 등허리는 놀랄 만큼 길며, 특히 현대의 많은 개가 그렇듯 명백하게 과체중이다.

견종 표준서를 읽을 때마다 우스꽝스럽다는 생각과 극심한 분노를 동시에 느낀다. 실제로 어떤 견종은 걸을 때마다 발을 질질 끌어야 한다고 설명해 놓은 것도 있다. 정말 희한한 소리다. 켄넬 클럽이 견종 표준서를 쓸 때마다 협회 사람들은 스스로 얼마나 불합리한 설명을 쓰고 있는지 알고 있는지 궁금하다.

중요한 건 견종 표준서가 말해 주지 않는 것이 있다는 사실이다. 닥스훈트와 웰시코기가 '연골무형성증'이나 '연골이형성증'에 시달린다는 설명은 적혀 있지 않다. 연골무형성증, 연골이형성증에 시달리는 견종들은 정상적인 연골을 만들어 내기 어렵다는 뜻이다. 이런 형질은 인간의 왜소증dwarfism처럼 유전적이다.

켄넬 클럽의 견종 표준서에서 '추간판이 약해지는'이라고 표현하는 현상은 다시 말하면 이런 말이다. 시간이 지날수록 척추뼈 사이의 추간판을 형성하는 연골을 비정상적으로 변화시켜 부전을 일으키고, 점점 심해지면 점차적으로 혹은 급성으로 마비를 일으킨다는 뜻이다. 이런 연골형성부전은 신체의 모든 부위에서 일어날 수 있지만 특히 극단적으로 긴 형태의 허리에서 발생하기 쉽다. 왜냐하면 이런 개들은 정상적으로 움직이기만 해도 긴 허리에 강한 부담을 주기 때문이다. 이렇다 보니 긴 허리를 가진 견종은 척추수술을 하거나 안락사되기도 한다. 긴 교량을 설계할 때 알맞은 재료로 강력한 지지대를 만들지 않으면 교량이 어둡고 깊은 바닷속으로 처박히는 것과 같다.

비정상을 정상으로 만드는 견종 표준서

이런 형질은 인간이 오랜 시간에 걸쳐 선택한 것이기 때문에 당연히 유전된다. 그래서 이제 이러한 수많은 형태적 비정상성은 정상처럼 여겨진다. 하지만 고의로 동물을 결함이 있는 이상한 모습으로 만드는 것을 더는 받아들여서는 안 된다.

연골이형성증을 보이는 견종은 다리가 짧고 휘어진 채로 태어난다. 인간은 토끼, 오소리, 쥐와 같은 동물을 사냥하기 위해 개를 짧은 다리를 갖도록 선택교배 했다. 그 결과 개는 다양한 크기의 구멍으로 들어가 야생동물을 사냥했다. 그런데 이때부터 개의 몸에 사건이 일어났다. 시간이 흐르고 선택교배가 이어지면서 다리뼈가 휘고 기형이 되는 극단적인 형질이 생겨났다. 지금의 닥스훈트, 바셋하운드 같은 품종의 다리뼈 방사선 사진을 이 품종의 조상, 즉 연골이형성증이 나타나지 않았던 시절의 개와 비교해 보면 완전히 다르다. 뼈가 뒤틀린다는 것은 그에 실리는 기계적 부담과 관절에 가해지는 하중도 함께 증가한다는 의미다. 전체적으로

(왼쪽) 바셋하운드의
앞다리 정면. © Andy Moores

(오른쪽) 정상적인 개의
앞다리 정면. © Andy Moores

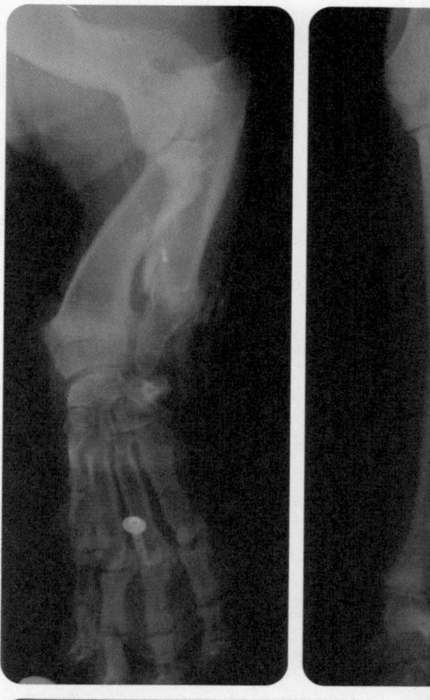

(왼쪽) 바셋하운드의
앞다리 측면. © Andy Moores

(오른쪽) 정상적인 개의
앞다리 측면. © Andy Moores

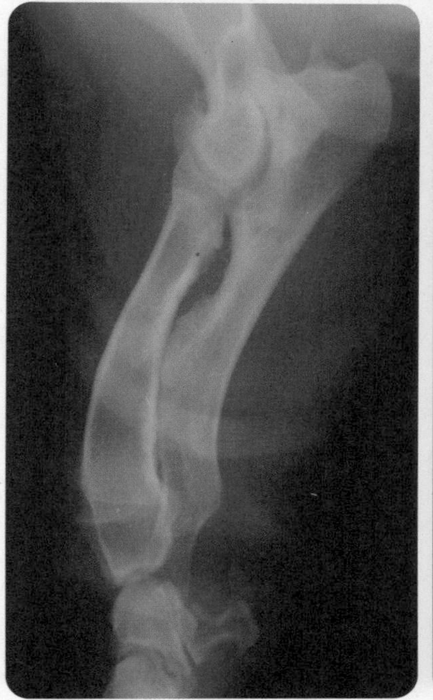

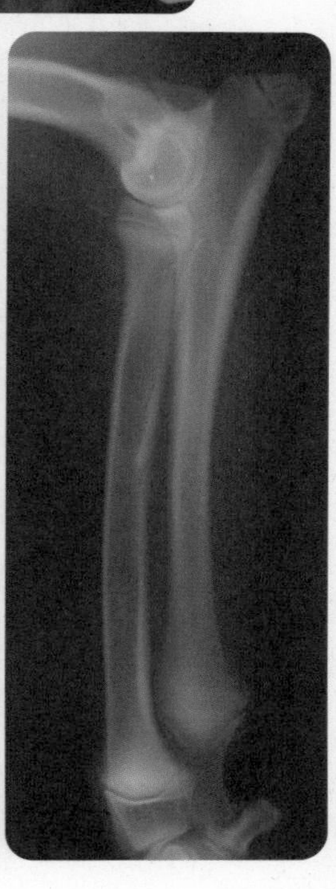

다리가 곧게 뻗은 '정상적인' 뼈는 매우 효과적으로 움직이고 힘을 최대치로 발휘하기 위해 뼈의 적절한 곳에 근육이 붙어 있도록 수 세기에 걸쳐 진화했다. 관절은 아귀가 잘 맞물리고 연골은 부드러워서 관절의 움직임을 돕는다. 그러나 49쪽의 현재 바셋하운드의 엑스레이 사진을 보면 뼈가 얼마나 뒤틀렸는지 알 수 있다.

다리와 관절이 변형된 품종은 근육이 비정상적인 방향으로 뼈를 당기고 관절은 본래의 목적을 충족시키지 못한다. 그 결과 관절염과 퇴행성 관절염이 일찍부터 발생한다. 관절이 제대로 기능하지 못하고, 연골의 보호 기능이 약해지며, 관절액이 적어지고 묽어져 충격 흡수를 못하기 때문이다.

2004년에 발간된 켄넬 클럽 견종 표준서를 보면 바셋하운드는 프랑스에서 기원하고 바셋basset이라는 말은 '짧은 다리'라는 뜻이라고 설명한다. 또한 바셋하운드가 프랑스에서 생겨나긴 했지만 '영국에서 완벽하게 발전했다'고 말한다. 터무니없는 애국주의에 입각한 설명이다. 병들고 볼품없으며 잠재적으로 불운한 이 품종을 어떻게 '완벽하게' 발전시켜 왔다는 말인지! 이 견종 표준서에는 어깨높이가 38센티미터에 불과하지만 몸무게는 약 32킬로그램이기 때문에 '안아서 해치백 차량에 넣기가 꽤 어렵다'고 설명하고 있다. 진짜 문제는 이 개의 짧고 뒤틀린 다리가 32킬로그램의 몸무게를 지탱할 수 있느냐다. 그리고 '정상적인 개'라면 인간의 도움을 받지 않고 차에 오를 수 있어야 한다.

그들이 주장하는 견종 표준서에는 바셋하운드가 프랑스 출신이다. 그러나 누가 그 개를 망쳤는지, 아니, 그들 말대로 완벽하게 만들었는지 언급하지 않는다. 견종 표준서에서 바셋하운드는 원래 길고 뛰어난 귀가 땅바닥에 닿아서 사냥감의 냄새를 모으고, 피부는 무언가로부터 보호하기 위해 늘어지거나 탄력 있다고 설명한다. 피부가 뭘 보호하는지 모르겠다. 일단 '뛰어난' 귀와 탄력 있는 피부에 대해서는 나중에 이야기하자. 최신 견종 표준서는 애써 이런 두 가지 기능적인 특징이 과장되어서는 안 된다고 설명하면서도 바셋하운드가 "품종의 원래 목적에 걸맞게 반드시 육체적 강건함과 땅으로부터 적절한 간격을 유지해야 한다."고 언급하고 있다.

다행히 켄넬 클럽의 최신 견종 표준서는 동물의 과장된 외양을 위한 교배가 아닌 건강한 표준을 지향한다. 이 점은 칭찬할 만한데 때는 늦었다. 이 견종은 이미 아주 과장된 모습이 되어 버렸다. 49쪽의 바셋하운드의 뼈 모양을 볼 수 있는 엑스레이 사진은 이런 현실을 정확히 보여 주고 있다. 최신판의 견종 표준서가 설명하는 바셋하운드는 여전히 거대한 귀, 늘어진 눈 주위 피부 때문에 적나라하게 노출된 눈 점막, 무거운 몸, 짧고 두꺼운 다리, 지면으로부터 고작 8센티미터 떨어진 가슴을 가졌다. 이게 표준이라는데 바셋하운드의 보호자나 브리더가 무슨 수로 다른 모습의 바셋하운드를 상상할 수 있겠나. 불가능하다.

슬개골탈구 강아지의 안락사

연골이형성증이 있든 없든 짧아진 다리는 슬개골탈구(무릎뼈가 미끄러져 빠지는 증상)와 같은 문제를 일으킨다. 테리어종처럼 다리가 짧아진 개(특히 요크셔테리어와 잭러셀테리어)나 미니어처푸들 등은 이런 현상이 극단적으로 자주 일어난다. 탈구의 원인은 여러 가지 요소가 있는데 그중 가장 우선적인 원인은 주요 다리 근육과 뼈가 제대로 배열되어 있지 않아서다. 대퇴사두근이라고 부르는 허벅지의 큰 근육군은 정강이뼈의 위쪽에 인대로 붙어 있는데, 이 힘줄에 슬개골(무릎뼈)이 있다. 이 근육들은 힘이 굉장히 강하고 다리를 구부린 상태에서 펴는 작용을 한다. 다리가 살짝만 휘었다면 이 근육군은 무릎뼈가 자리 잡은 고랑 안에 있는 무릎뼈

인간이 품종이라고 만든 갯과, 고양잇과 동물의 모습. 사실상 다리를 절단해 버린 것과 같다.
© Adobe Stock

를 효과적으로 당긴다. 그러나 반복적인 유전의 결과로 다리가 휜 품종은 대다수가 고랑이 얕아지거나 거의 없어져서, 근육군이 무릎뼈를 당기면 무릎뼈가 원래의 자리에서 벗어나는 결과가 계속해서 나타난다. 특히 다리가 휜 어린 동물은 휜 다리에 붙어 있는 성장판이 뼈를 뒤트는 데 힘을 더 가하기 때문에 성장할수록 다리의 모양이 더 휘는 악순환이 일어난다. 심각성의 차이는 있지만 많은 경우 수술이 필요하고, 관절의 불안

정성과 부조화 때문에 대부분 조기 관절염에 걸린다.

첫 예방접종을 하러 온 생후 8주 된 수컷 요크셔테리어를 만난 적이 있다. 보호자가 요크셔테리어 남매를 진료대에 올려놓자마자 수컷의 외모가 이상하다는 걸 바로 알았다. 뒷다리가 뻣뻣해 뻗정다리처럼 걸었고, 척추는 뒷다리 기능장애 때문에 이미 굽어 있었다. 보호자들은 이런 이상을 전혀 모르고 있었다. 강아지를 분양받으러 갔을 때 브리더는 강아지들을 마룻바닥에 풀어놓고 뛰어다니게 하더니 그중에 수컷을 골라주며 데려가라고 했다고 말했다. 내가 틀릴 수도 있지만 아마도 브리더는 이미 강아지의 충격적인 기형을 알고 은근슬쩍 팔아넘겼을 것이다.

비슷한 일은 반복된다. 강아지를 진단하는데 뒷다리가 전혀 구부러지지 않았다. 강아지의 뒷다리를 찍은 엑스레이를 더 정확한 조언을 얻기 위해서 정형외과 전문의에게 보냈다. 엑스레이에 찍힌 강아지의 다리는 무릎뼈가 영구적으로 탈구된 상태였고, 크기도 무릎 뒤쪽에 붙을 정도로 작았다. 그 강아지는 안락사되었다. 수의사로서 어린 동물을 안락사시키는 일이 가장 끔찍한데 이런 경우에는 분노하게 된다. 이런 일은 인간의 품종개량이 없었다면 일어나지 않을 과정이다. 얼마나 낭비적이고 잔인한가. 죽은 강아지의 보호자들은 이미 강아지를 사랑해 버렸기 때문에 항상 고개를 떨군다. 정말 슬프다.

먼치킨이 근친교배가 아니라고?

앞에서 이야기했듯 개의 외형은 고양이보다 더 오랜 시간 동안 더 많이 변했다. 고양이는 그들만의 임무가 있었고 외형 또한 그에 걸맞게 완벽하게 진화했다. 인간이 간섭할 필요가 전혀 없었다. 적어도 캣쇼 시장의 등장과 품종 표준이 단일화되기 전까지는 말이다. 얼굴이 납작한 품종인 페르시안고양이는 1900년대의 살짝 짧은 얼굴이 지금은 알아볼 수

페르시안고양이의 100년 전 모습. 이 모습을 보고 깜짝 놀라는 사람이 많다. © Adobe Stock

없을 정도로 납작해졌고, 심지어 오목해졌다.

인간은 닥스훈트처럼 생긴 고양이를 만들어 내기 시작했다. 순종 문제에 대한 글을 쓰던 어느 날 패리스 힐튼의 인터뷰를 듣고 화가 치밀었다. 그는 스스로 대단한 동물 애호가라고 설명하면서(그가 애완 원숭이를 기르는 것은 언급하기도 싫다) 자신의 여러 애완동물 중에 어린 먼치킨Munchkin 고양이 두 마리가 있다고 했다. 먼치킨이 어떤 동물인지 묻자 '다리가 5센티미터 정도로 짧아서 엄청 귀여운' 고양이라고 대답했다.

컴퓨터를 켜고 먼치킨을 검색하고 깜짝 놀랐다. 이 고양이들이 없는 곳이 없었다. 위키피디아를 찾아봤다. 1983년 미국 루이지애나의 음악 교사였던 산드라 호케네델은 불도그에게 쫓기는 임신한 고양이 두 마리를 발견했다. 한 마리를 데려와 블랙베리라는 이름을 붙였다. 블랙베리가 낳은 새끼 중 절반이 다리가 짧았다. 다리가 짧은 수컷 한 마리를 친구에게 보냈고 툴루즈라는 이름을 얻었다. 오늘날의 먼치킨 품종은 블랙베리와 툴루즈의 후손들이다. 이를 근친교배라고 부르지 않는다면 뭐라고 부를 수 있을까.

먼치킨에 열광하는 사람들은 먼치킨의 결합이 자연적으로 생긴 것이라며 역사에 기록된 몇몇 다리 짧은 고양이를 언급한다. 세상에 정상적인 고양이는 몇 마리일까. 수십억은 아닐지라도 수백만은 될 텐데 수가 적으면 '정상'으로 살아남지 못한다. 높은 곳에 오르지 못하고 사냥도 불가능하며 정상적으로 달리지 못하면 모두 자연적으로 사라진다. 인간이 개입하지 않았다면 짧은 다리 고양이는 사라지고 없는 게 자연스러운 수순이다.

이런 종들이 등장한 후로 학자들은 먼치킨과 같은 고양이 품종은 개에게 나타나는 완전한 연골이형성증은 아니라고 말한다. 실제로 고양이 품종은 개와 다른 '가성연골무형성증pseudoachondroplasia'이라고 부르는 증상으로 밝혀졌다. 그러나 고양이 품종도 선택교배에 의한 유전적 결함이 있다. 개와 완전히 똑같은 문제는 아닐지라도 먼치킨 품종 역시 다리가 짧을 뿐 아니라 척추가 휘고 가슴이 납작해지는 증상 등이 나타난다.

우리는 자연이 이 동물들에게 의도한 바가 무엇인지 기억해야 한다. 먼치킨 고양이는 높은 곳에 오르거나 계단을 내려오는 것을 어려워한다. 그루밍조차 제대로 못하는 경우도 많다. 개와 마찬가지로 기형적인 다리 때문에 어릴 때 관절 질환이 생기기 쉽고 평생 동안 만성 통증에 시달린다. 동물복지 단체 인터내셔널캣케어International Cat Care는 먼치킨은 절대 번식시켜서는 안 되는 품종이라고 명확한 입장을 밝혔다.

먼치킨의 다리를 짧게 만드는 유전자 타입은 우성이다. 유전학을 깊게 다룰 생각은 없지만 간단히 말해서 두 마리의 다리가 짧은 먼치킨으로 번식을 시킨다면 새끼 고양이의 4분의 1은 해당 유전자를 두 배로 갖고 태어나고, 절반은 짧은 다리를 갖고 태어나고, 나머지 4분의 1은 정상적인 다리 길이를 갖는다는 의미다. 이중 해당 유전자를 두 배로 갖고 태어나는 고양이는 절대로 살아남을 수 없고, 태어나기 전에 죽는다. 절반에 해당하는 짧은 다리의 유전자 타입을 갖고 태어난 고양이는 자연에서

도태된다. 자연은 목적에 맞는 모양의 건강한 동물을 선택하기 때문이다. 그런데 현대의 먼치킨은 그러지 못하고 슬프게 살아남았다. 제발 이런 고양이를 사지 않기를 바란다.

슬픈 소식은 먼치킨이 몇몇 큰 고양이 단체에게 인정을 받았고, 품종 표준까지 만들어져 빠르게 대중의 인기를 얻고 있다는 것이다. 영혼을 파괴하는 이런 번식은 심각한 건강 저해 문제를 일으키므로 법적으로 금지해야 한다.

먼치킨이란 품종명은 영화 〈오즈의 마법사〉의 키 작은 캐릭터의 이름을 딴 것이다. 키 작은 캐릭터를 왜소증을 가진 배우가 맡아서 문제가 되었는데 그걸 품종명으로 하다니 정치적 올바름의 시대에 아무도 이를 부적절하게 여기지 않았다는 것이 놀라울 따름이다.

귀가 접히면서 관절 질병도 따라왔다

귀가 접힌 고양이는 특이한 외모를 위해 비정상 연골을 갖도록 선택교배 된 또 하나의 품종이다. 바로 스코티시폴드Scottish fold다. 스코티시폴드는 특유의 접힌 귀가 인간 아기의 얼굴처럼 귀엽다는 이유로 꽤 인기가 좋다. 다시 한 번 반려동물에게 인간 아기의 특징을 보고 싶은 욕망을 투사하는 모습을 본다.

먼치킨 품종의 극적인 근친교배처럼 스코티시폴드 번식도 1961년의 한 암컷으로부터 시작되었다. 한 암컷 고양이의 귀가 접혀 있었고, 새끼 중 몇 마리의 귀도 접혀 있었다. 이를 본 '고양이 애호가' 혹은 '기형 애호가'였던 한 이웃이 이 고양이에게 매료되어 새끼 고양이 한 마리를 얻어다가 번식시키기 시작했다.

스코티시폴드의 귀는 연골 결함 때문에 앞쪽으로 구부러진다. 물론 귀의 연골에만 결함이 있는 것이 아니다. 개에게서 나타난 연골이형성증과 정확히 같은 원리로 스코티시폴드 역시 온몸의 연골이 영향을 받는다.

스코티시폴드는 처음 태어날 때에는 귀가 꼿꼿하게 서 있지만 몇 주 만에 귀가 접힌다. 인간이 자연의 우연을 조작한 수많은 사례처럼 고양이 브리더들은 '뛰어난' 번식을 시작했고, 귀가 머리에 거의 딱 붙을 정도로 귀가 두 배, 세 배 더 심하게 접힌 고양이를 만들어 냈다. 동그란 얼굴과 납작한 귀, 미간이 넓은 두 눈은 고양이를 올빼미처럼 생기게 만들었다. 올빼미는 자연선택과 적자생존의 원리로 이런 모습으로 진화했지만 스코티시폴드는 질병을 선택하면서 번식했다.

귀를 구부러지게 하는 결함은 몸 어딘가의 관절에 심각한 질병을 유발한다. 심각한 정도에는 많은 차이가 있지만 질병을 앓는 동물 당사자에게는 무시무시한 위협이다. 영국의 개에게 켄넬 클럽이 있다면, 고양이 쪽에는 애완고양이관리협회GCCF, The Governing Council of the Cat Fancy가 있다. 이 협회는 1960년대에 스코티시폴드를 인정했지만 1971년에 파괴적 수준의 관절 질병을 이유로 품종 인정을 철회했다. 이에 스코티시폴드 애호가들은 귀가 접힌 고양이와 접히지 않은 고양이를 교배하면 질병을 최소화하고 귀는 접혔지만 관절 질병이 없는 고양이를 만들 수 있다고 주장했다.

영국의 애완고양이관리협회에 해당하는 북미 단체는 북미 고양이애호가협회CFA, The Cat Fancier's Association다. 이들은 스코티시폴드에 대해 이렇게 말한다. "어린 고양이는 귀가 곧은 상태로 태어나지만 생후 3~4주가 되면 귀가 접힌다. … 혹은 접히지 않는다! 통상 브리더들은 고양이가 생후 11~12주가 될 때 고양이의 품질이 애완용인지 번식용인지 전람회용인지를 판단한다. 현재 귀가 접힌 스코티시 혈통은 캣쇼에서만 허용되는데 모든 브리더들은 전람회에 나갈 수준의 고양이를 생산하고 싶어한다." 이는 캣쇼 무대를 위해서 유해한 유전자 결함을 선택하는 변명의 여지가 없는

갯과, 고양잇과 동물의 자연스러운 모습. 다리가 길고 곧다.
© Adobe Stock

전형적인 예다. 이에 따르면 더 낮은 '품질'의 고양이들은 애완용이 된다. 애완용이든 캣쇼용이든 모든 동물이 일생 동안 건강하기를 바라는 게 정상이 아닐까?

놀랍게도 이 품종의 끔찍한 관절염에 대해서 북미 고양이애호가협회는 다음과 같이 말하고 있다. "스코티시폴드는 뒷마당에 살던 그들의 조상처럼 튼튼한 고양이다. … 스코티시폴드는 손이 많이 가지 않는 품종이다. 깨끗한 환경에서 적절한 영양을 공급하고 넉넉한 사랑을 주면 충분하다." 스코티시폴드를 소개하는 북미 고양이애호가협회 사이트의 그 어디에도 연골 결함 때문에 귀가 접힌다는 이야기는 없다. 많은 스코티시폴드가 수의사에게 평생 통증 관리를 받는다는 사실이나 관절 문제 또한 전혀 언급하지 않는다. 과연 사랑과 좋은 음식이 이 품종의 유일한 요구 사항일까.

이 모든 속임수에 가까운 기만에도 불구하고, 많은 동물복지 단체와 수의사 단체는 스코티시폴드를 절대로 번식시켜서는 안 된다고 주장한다. 연골 결함이 있는 고양이의 수가 많든 적든 상관없이 질병을 일으키는 유전자를 골라서 번식시키는 일은 모두 금지되어야 한다. 고양이 반려인이라면 자연의 의도대로 고양이를 사랑해야 한다.

사회도 인위적 조작과 수의학적 개입에 의존해서 품종을 살리려고 애쓰는 짓을 받아들여서는 안 된다. 개는 수백 년 동안 고통받아 왔고, 이제는 고양이까지 같은 고통을 받아야 하는 게 절망스럽고 슬프다. 유전적 결함과 질병에 의존하는 품종의 표준을 당장 거부하고 멈춰야 한다.

5
주름 가득한 쭈글쭈글한 피부

주름진 피부는 염증과 감염을 부른다

다리나 주둥이가 극단적으로 짧은 특징은 피부 주름과도 밀접한 관계가 있다. 두개골과 다리 길이가 짧아지는 동안 피부는 그만큼 짧아지지 못해서 주름이 생긴 것이기 때문이다. 남아도는 피부는 벗어 놓은 양말처럼 쭈글쭈글하게 접혀 있다. 그런데 희한하게 사람들이 이렇게 주름진 피부를 귀엽다고 여긴다. 주변에서 얼굴에 주름이 많은 복서, 불도그, 심각하게 주름이 많은 샤페이 등을 쉽게 볼 수 있는데 귀엽다고 끔뻑 넘어간다. 그 깊은 주름 사이에 끔찍한 염증이 생기고 만성 피부 감염이 생기는 장면을 보고 난 후에야 '아 귀여워할 일이 아니구나.' 하고 깨닫는다. 사람도 고도비만인 사람은 지방이 접힌 부위에서 비슷한 감염이 일어난다. 이 고통을 직접 느껴본 사람이라면 얼마나 불쾌한지 알 것이다.

피부는 영원히 접혀 있도록 설계되지 않았다. 지구 어디에서도 그런 식으로 피부가 접혀 있는 동물은 없다. 코뿔소나 코끼리 등 피부에 주름이 많은 동물도 있지만 이들의 주름은 움직일 때마다 펼쳐지고, 매우 건조한 기후에서 산다. 털로 덮여 있지도 않다.

피부는 신체에서 가장 큰 장기다. 인간을 포함한 모든 동물의 피부에는 어마어마한 능력이 있다. 피부는 스스로 정화할 수 있고 방수도 된다. 어마어마한 수의 세균을 기르기도 하는데, 이 세균들은 보통 그들만의 미세 환경 속에서 균형을 잘 이루고 생존하며 조화로운 상태를 유지한다. 피부가 건강할 때 세균은 어떤 문제도 일으키지 않는다. 하지만 피부의 한 부분을 접으면 피부의 환경도 바뀐다. 접힌 부분은 따뜻하고 습하며 공기가 통하지 않게 된다. 이렇게 되면 공기를 좋아하는 세균(호기성 세균)은 죽게 되고, 그 밖의 세균이 자라 기하급수적으로 증식한다.

정상 피부는 건강을 유지할 수 있도록 기름과 영양의 균형을 잘 잡고 있다. 그러나 피부는 접히면 축축해지고 지속적인 습기는 피부를 부드럽고 약하게 만든다. 이때 세균이 피부 표면에 침투하기 시작하고 몸은 그 세균을 죽이기 위해 반응한다. 이것이 바로 염증이다. 염증과 감염이 생긴 피부는 심하게 가려워지고 빨갛게 부어오른다. 피부 주름에 농피증(피부 감염)이 있는 개는 암울하다. 반복적인 항생제 치료가 필요하고 문제가 되는 주름을 외과수술로 제거하지 않는 한 좋아지기 힘들다. 사람들은 그런 개들을 보고 사람처럼 얼굴 주름을 끌어올리는 시술이 필요한 게 아니냐고 농담을 한다. 연예인이 허영심에 몸에 칼을 대는 것도 아니고 개가 살려고 마취와 수술을 받는 것은 전혀 재미있는 농담이 아니다.

늘어진 피부는 눈 건강에 악영향을 끼친다

영국의 견종 표준서를 보면 주름이나 듀랩(dewlap, 개의 목 부분에 길게 늘어진 거대한 피부 주름)이 있어야 바람직하다고 쓰여 있는 개의 사진이 20개 넘게 실려 있다. 우습게도 보스턴테리어의 경우 머리와 주둥이에 주름이 없어야 한다고 명기했지만 사진 속 보스턴테리어는 머리와 주둥이 모두에 주름이 있고, 콧구멍은 거의 보이지 않을 정도로 작다.

바셋하운드를 비롯해 많은 품종에서 늘어진 피부를 바람직하다고 여긴다. 블러드하운드나 마스티프에서도 마찬가지다. 큰 얼굴은 피부가 남아돌아 축 늘어져 있고, 듀랩이 있는 모든 품종은 비정상적인 피부 주름 문제에 시달린다. 입술이 늘어진 많은 품종 역시 침을 흘리는 경향이 있는데, 입술이 제 기능을 적절히 하지 못하는 비정상이기 때문이다. 이런 품종은 지속적으로 침을 흘려서 목 주변이 항상 축축하다.

수의사 면허를 따고 몇 년 후 TV에 많이 출연하자 도그쇼에 와서 사인을 하는 행사에 초청을 받았다. 멋모르고 참석했다가 그 이후로는 다시는 그곳으로 발길도 돌리지 않았다. 그런데 2017년, 카발리어스패니얼의 건강을 개선하기 위해 활동하는 열정적인 사람들이 켄넬 클럽에 함께 가 주지 않겠냐고 부탁했다. 3만 명 넘는 동지들이 서명한 청원서를 제출하기 위해서였다. 켄넬 클럽에 머무는 동안 세인트버나드를 데리고 온 한 커플과 마주쳤다. 견종 표준서에 따르면 세인트버나드는 듀랩이 잘 발달해야 한다. 많은 사람이 웃음을 터뜨리며 멈춰서 그 개의 사진을 찍길래 봤더니 '나를 사랑해 주세요. 흐르는 침까지 사랑해 주세요'라는 글귀가 적힌 턱받이를 하고 있었다. 커플은 그걸 자랑스러워하는 눈치였다.

이유가 상당히 다르긴 했지만 나 또한 사진을 찍어도 되는지 물었다.

건강한 주름이라고 볼 수 없는 과한 주름. © Adobe Stock

셔터 소리가 나자 고개를 든 개의 목 주름은 염증과 상처 투성이였다. 개는 아픈 게 분명했다. 보호자가 자랑스러워하거나 뽐낼 만한 것이 아니었다.

도그드보르도(Dogue de Bordeaux, 프랑스 보르도 지방의 마스티프종)와 네오폴리탄마스티프(Neapolitan mastiff, 이탈리아 나폴리 지방의 마스티프종)는 늘어진 피부와 주름을 요구하는 견종 표준서 때문에 가장 심하게 영향을 받은 품종이다. 최신 표준은 으레 그렇듯 네오폴리탄마스티프의 피부는 늘어진 정도가 과하지 않아야 하고 도그드보르도의 얼굴 주름은 건강해야 한다고 하지만 63쪽 사진을 보면 네오폴리탄마스티프의 주름이 과한지, 도그드보르도의 얼굴이 건강한지 판단이 설 것이다. 건강한 주름은 인간 눈가의 잔주름이나 팔자 주름이지 개의 얼굴 주름이 아니다.

머리와 얼굴이 축 늘어진 피부로 가득 찬 경우에 '다이아몬드 눈'이 나타나는 경우가 있다. 이런 눈 모양은 안검내번(눈꺼풀속말림)과 안검외번(눈꺼풀겉말림)이 동시에 나타나서 생긴다. 안검내번은 눈꺼풀이 안쪽으로 말려서 속눈썹이 눈동자를 지속적으로 건드리는 질병으로 매우 아프며 각막궤양으로 발전할 뿐 아니라 때로는 시력을 완전히 잃을 수도 있다. 안검외번은 내번의 반대로, 눈꺼풀이 눈 바깥쪽으로 말린다. 이 경우는 반드시 의학적 문제가 생기지는 않지만 안구가 드러나서 정상적인 눈보다 건조하다. 그리고 역시 늘어진 눈꺼풀 때문에 눈물이 얼굴로 줄줄 흐른다.

다이아몬드 눈을 가진 개는 정수리와 이마의 무거운 피부 때문에 윗눈꺼풀이 안쪽으로 말리는 경향이 있다. 아랫눈꺼풀은 눈 아래쪽 피부의

다이아몬드 눈. 윗눈꺼풀은 이마의 피부가 무거워서 안쪽으로 말리고, 아랫눈꺼풀은 눈 아래쪽 피부의 무게 때문에 잡아당겨져 바깥으로 말린다. © Adobe Stock

무게에 의해 잡아당겨져 바깥쪽으로 말린다. 만화에 많이 나오는 바셋하운드와 블러드하운드는 눈이 늘어지고 붉은 게 특징이지만 실제로는 전혀 축복받은 개성이 아니다. 다이아몬드 눈 중 가장 치료하기 어려운 경우는 한 눈꺼풀(주로 위쪽)의 각기 다른 부위에 안검외번과 안검내번이 동시에 나타날 때다. 성견의 안검내번은 통증을 줄이고 안구손상을 막기 위해 대부분 수술적 교정이 필요하다. 슬프게도 구글에서 다이아몬드 눈을 검색하면 눈물이 넘쳐흘러 생긴 눈물 자국을 지우는 수많은 제품이 나온다. 인간이 기형을 선택하지 않았다면 이런 제품은 생기지도 않았을 것이다.

요크에서 일할 당시 남편은 끔찍한 모습의 네오폴리탄마스티프를 수술해야 했다. 이 가여운 생명체는 눈꺼풀이 눈을 찌르는 문제 때문에 이미 한쪽 눈은 시력을 잃었고, 나머지 한쪽 눈은 만성적인 상처를 입은 상태였다. 얼굴 피부를 위로 당기고 눈꺼풀을 교정하기 위해 정수리에서 커다란 접시만 한 피부를 잘라내야 했다. 이런 일은 드물지 않다.

단두개종은 눈이 피부에 의해 손상될 수 있다. 짧아진 주둥이의 피부 주름은 튀어나온 눈을 심하게 자극한다. 이런 경우 피부 주름을 제거하는 수술을 해야 하는데 슬프게도 일부 브리더는 수술이 바람직한 외모를 망친다는 이유로 반대하기도 한다.

개의 주름을 관리하기 위해 돈과 시간을 쓰는 사람들

품종 문제에 대해 작게나마 목소리를 내던 몇 년 동안 기이한 반박을 듣기도 했다. 도그쇼에서 우승한 하얀 불도그는 하얀 피부 주름에 대조될 만큼 피부가 빨갛게 감염되어 있었다. 그래서 농피증이 있다고 지적했다. 아마도 안검내번 때문일 텐데 가까스로 뜬 눈도 불편해 보였다. 도그쇼에서 불도그 1위 상을 줄 게 아니라 도그쇼에 그런 개를 출전시켜서는 안 된다.

단두개종에 대해 쓰면서 이 이야기를 소개했더니 불도그 브리더와 소유주들로부터 욕설과 비난이 빗발쳤다. 신기하게도 많은 사람들이 자기가 개의 얼굴 주름을 매일 관리하기 위해 얼마나 노력하는지 구구절절 써서 메일로 보냈다. 마치 그게 훌륭한 일인 양 말이다. 한 여성은 심사가 뒤틀렸는지 개가 자기보다 더 좋은 피부 관리를 받는다고 말하기도 했다. 그들 모두 요점을 놓치고 있었다. 나는 11살 때부터 잡종 개 세 마리와 품종이 아닌 다섯 마리의 고양이와 함께 살았지만 단 한 번도 그들의 얼굴을 닦아 준다든지 피부 관리를 하기 위해 시간을 들인 적이 없다. 정상적인 동물은 매일 씻거나 크림을 바를 필요가 없다. 피부에 주름이 없고 건강하기 때문이다.

야생의 딩고나 늑대, 호랑이가 회복하기 힘든 만성적인 피부 감염증을 앓는다면 어떨까? 동물들은 스스로 상처를 더 손상시킨다. 상처를 더 깊게 내 결국 전신패혈증으로 빠르게 죽는다. 이런 과정을 통해 만성 피부병이 생기는 요인을 유전시키지 않는다. 그렇지 않으면 사냥도 못하는데 감염된 상처에 벌레와 구더기가 들끓게 되고 만성적인 불쾌감과 염증으로 서서히 죽게 된다.

피부 질환에 취약한 품종의 전형은 아마 샤페이일 것이다. 중국에서 유래한 샤페이는 투견과 사냥개로 이용되었다. 원래 샤페이의 피부는 싸우다 물렸을 때 보호받을 수 있도록 약간 늘어진 정도였다. 그러나 샤페이의 피부 역시 지난 수십 년간 브리더들이 터무니없이 늘려 놓았다. 그래서 현재 샤페이의 모습은 마치 피부를 옷걸이에 걸어서 늘렸다가 다시 입은 모양새다. 비극적이게도 이 '귀여운' 주름투성이 개는 사람을 위한 피부 관리 광고에도 이용된다. '더 젊어 보이는 피부를 원하세요?'라는 광고 문구 옆으로 팽팽한 피부의 여성이 주름지고 기형적이며 병든 샤페이 강아지를 안고 있다. 뭐 하나 마음에 드는 부분이 없다!

샤페이가 안검내번으로 고통받는 비율은 높다. 끔찍하게 늘어난 피부와 얼굴에 있는 무거운 주름 때문이다. 2004년 켄넬 클럽 발간서를 보면 그때 이미 브리더들조차 이를 문제로 인식하고 있다. 수의사들은 여전히 이 견종에서 여러 가지 문제가 일어난다고 보고 있고 안검내번의 지속적인 발생도 그중 하나다.

2004년 견종 표준서에 적힌 샤페이의 특징은 '늘어진 피부, 찌푸린 표정, 억세고 빳빳한 털'이었다. 2017년 개정판은 브리더들에게 더 건강하고 덜 과장된 동물을 번식시키게 하는 기준을 제시했다는 이유로 켄넬 클럽 스스로 극찬한 견종 표준서다. 그렇다면 2017년에는 샤페이의 특징이 어떻게 바뀌었을까? 새롭게 정한 샤페이의 특징은 '비교적 늘어진 피부, 찌푸린 표정, 억세고 빳빳한 털'이었다.

뭐가 달라진 거지? 한참을 찾은 후 '비교적'이라는 단어가 추가된 것을 알았다. 이 단어 하나로 샤페이가 훨씬 건강한 개가 된 모양이다! 그들은 여전히 머리와 얼굴의 무거운 주름을 의미하는 찌푸린 표정을 요구했다. 또한 2004년의 '건강한 주름'이라는 표현은 2017년에 '적당한 주름'이라고 바뀌었다. 뭐가 나아진 건지 잘 모르겠다. 여전히 견종 표준서 사진 속 샤페이의 주름은 보통 이상이다.

퉁퉁 부은 주둥이가 매력적이라고 환호하는 사람들

샤페이의 도드라진 특징은 '패딩*이 들어간' 두툼한 입술과 주둥이다.

---

* 패딩padding : 일반적으로 '두꺼운 주둥이' 정도의 의미로 쓰이지만 과학적으로는 피부점액증 cutaneous mucinosis 증상이다. 피부 결합조직 안에 점액이 침착되는 증상으로 침착 정도에 따라 병증으로 본다. 피부점액증은 아주 드문 증상인데 샤페이는 이 증상이 잘 일어나도록 번식되었다_옮긴이 주

이 단어를 그대로 쓴 이유는 견종 표준서에서 사용하기 때문이다. 2004년 견종 표준서에는 "입술과 주둥이 윗부분이 패딩이 들어간 것처럼 두툼해서 코의 아랫부분이 살짝 돌출되어 있다. 앞에서 보면 입술의 패딩 때문에 아래턱이 위턱보다 넓어 보인다."고 설명하고 있다.

2017년에 개정된 견종 표준서는 이렇다. "입술과 주둥이 윗부분은 살짝 패딩이 들어간 듯 보인다. 앞에서 보면 아래턱이 위턱보다 더 넓어 보인다." 여전히 패딩 때문에 아래턱이 위턱보다 넓어 보여야 한다고 쓰고 있다. 왜 이토록 입술과 주둥이가 불룩하면서 부풀어 보이는 유전적 결함인 패딩에 매달리는 걸까? 이유는 패딩이 인간이 보기에 좋기 때문이다.

안검내번과 패딩이 보이는 샤페이.
© Tanya Banks

(왼쪽) 속눈썹이 심각하게 안으로 말려들어간 샤페이 강아지. © Dr David Gould

(아래) 눈의 상황은 비교적 괜찮지만 접힌 귀와 주둥이의 두툼한 패딩이 비정상적인 샤페이. © Adobe Stock

이런 유전과 그로 인한 문제는 수의학적 이해를 뛰어넘는다. 하지만 샤페이를 진찰해 본 수의사라면 이 결함이 개에게 미치는 영향을 명확히 알 것이다. 개의 피부에 일상적으로 염증이 생기는 것은 비정상이다. 부종과 염증의 정도에 따라 '패딩'이 형성되고 이로 인해 일상적인 염증반응이 더 쉽게 일어난다. 샤페이 열병이라고 부르는 이 증상은 아밀로이드증amyloidosis이라고도 부르며 간부전과 신부전을 일으키기도 한다. 이 모든 끔찍한 일이 샤페이를 패딩이 들어간 두툼한 주둥이가 특징인 품종으로 '정해' 놓았기 때문이다. 수의사들은 개의 주름과 연관된 끔찍한 피부 질병, 감염, 염증을 옆에서 보아 왔다. 게다가 엎친 데 덮친 격으로 샤페이의 두꺼운 귀는 짧게 접혀 분비물이 제대로 빠져나가지 못해 귀 안

꽊으로 피부병이 생기고, 만성적인 통증을 유발하는 외이염이 빈번하게 발생한다. 이 품종의 비정상성은 도저히 받아들이기가 힘들다.

친구 수의사가 샤페이를 진료한 황당한 이야기를 전해 줬다. 샤페이에게 염증이 있어 항염증제를 처방했고 얼마 후 잘 회복되었다. 그런데 개 얼굴의 부풀어 오른 패딩이 모두 가라앉았다며 보호자가 불평을 쏟아냈다고 한다. “주둥이가 두툼하지 않아서 더 이상 샤페이처럼 보이지 않는다.”는 게 이유였다.

현재의 상황이 얼마나 비정상인지 가늠해 볼 수 있는 사례다. 서구에서 주름진 샤페이가 인기를 끌자 사람들의 기호에 맞춰 단기간에 선택적 교배를 한 몇몇 브리더 덕에 현재의 샤페이가 탄생했다. 원래의 샤페이와 현재의 샤페이를 비교해 보면 알아보기 힘들 정도로 다르다. 샤페이를 염증성 질병에서 벗어나게 하는 유일한 방법은 소비자가 주름과 패딩을 요구하지 않는 것이다.

대학에서 피부학을 배울 때 강사가 해 준 이야기가 기억에 남아서 보호자들에게 들려주곤 한다.

“피부병은 관리하기가 아주 어려워요. 우선 원인을 진단해 내기가 어렵고 치료하기도 어렵지요. 게다가 완치가 불가능해서 평생 안고 살아가야 하는 문제입니다.”

대다수 수의사가 피부병을 치료하는 과정에서 보호자들이 겪는 깊은 좌절을 익히 알고 있다. 피부병 치료는 수의사와 보호자 모두의 영혼을 파괴하기도 한다. 피부병은 동물 환자에게 큰 고통이며, 치료 과정이 오래 걸리고 병원비도 많이 든다. 피부병은 그 근원에 닿으려면 여러 가지 요인을 제외해 나가는 기나긴 과정을 거쳐야 한다. 특히 유전되는 피부병은 여러 가지 형태로 나타난다. 일부는 피부 주름처럼 피부 형태 때문에 나타나고, 일부는 샤페이처럼 특이한 유전적 결함 때문에 나타난다. 최근 점점 대두되는 문제는 단연 아토피성 피부염이다.

아토피는 여전히 장막에 가려져 있다. 특정 품종에서 훨씬 많이 나타나기는 하지만 정확한 유전적 특성이 알려지지 않아서 어떤 유전적 요소가 있다고 가정할 뿐이다. 아토피가 가장 많이 나타나는 품종은 샤페이, 와이어헤어드폭스테리어, 골든리트리버, 달마티안(달마시안), 복서, 보스턴테리어, 래브라도리트리버, 라사압소, 스코티시테리어, 시추, 웨스트하일랜드화이트테리어(약칭 웨스티)다.

다행히 현재 웨스티는 피부병 문제의 개선을 위해 선택교배를 하면서 상황이 좋아지고 있다. 내가 수의대를 졸업하고 10년 정도 되었을 때만 해도 절망적일 정도로 많은 수의 웨스티가 끔찍한 상황에 놓여 있었다. 만성적 가려움증과 반복되는 상처로 개의 피부가 두껍고 까매졌다. 이런 웨스티를 '아르마딜로(armadillo, 아메리카 대륙에 사는 가죽이 딱딱한 동물) 웨스티'라고 부를 정도였다. 보호자들은 반려견이 너무나 고통스러워하는 모습을 보며 괴로워했다. 극도로 다루기 힘들어서 피부 질병 때문에 어린 나이에 안락사되는 개들도 적지 않았다.

아토피는 풀, 꽃가루, 집먼지진드기, 벼룩 등의 환경 요소에 대한 과민반응이다. 고양이에게도 나타나지만 개에게 훨씬 흔하다. 추측건대 품종 개량 된 개가 고양이보다 훨씬 많기 때문이 아닐까 한다.

어떤 개는 한두 가지 물질에 과민반응을 보이지만 모든 것에 민감함을 보이는 개들도 있다. 이런 증상은 보통 생후 6개월에서 3년 사이의 어린 동물에서 시작된다. 아토피는 극심한 가려움증을 유발하고, 개가 스스로 긁다가 상처가 나면 감염과 염증으로 이어져서 장기적인 문제로 발전한다. 가려움증과 상처의 수준은 개와 주인 모두 참을 수 없을 만큼 심한 경우가 많다.

앞서 절망적이라는 말을 자주 썼는데 아토피는 개에게 정말 절망적인 문제다. 만약 순종 개를 입양하려고 생각 중이라면 그들의 피부병과 가족력을 아주 신중하게 조사해야 한다. 그래야 가슴이 찢어지고 돈을 낭비하는 일을 피할 수 있다.

아래 사진은 자연이 선택한 머리, 피부와 눈 모양을 한 동물(왼쪽)과 인간이 만든 견종 표준서에 나온 동물(오른쪽)의 모습이다. 자연의 선택을 기억하기 바란다.

자연이 의도한 동물의 모습. © Adobe Stock

자연을 거슬러 인간이 선택한 동물의 모습. © Adobe Stock

6
크고, 무겁고, 털이 많고, 두꺼운 귀

큰 귀가 땅에 닿는 바셋하운드

나는 어릴 적에 큰 귀 때문에 심하게 놀림을 받곤 했다. 당연히 별명은 덤보, 문 열린 택시, FA컵 트로피 등이었다. 당사자로서 재미없었지만 할 수 있는 건 없었고, 그저 별명과 친하게 지내자고 생각했다. '우리가 죽지 않을 정도의 시련은 우리를 더 강하게 만든다.'라는 말로 위안을 삼으면서.

이런 유년 시절을 보냈으니 큰 귀를 가진 개를 지적하는 게 쉽지 않다. 하지만 내 귀는 비록 한때 인생의 골칫거리였지만 자연이 빚은 신체 기관으로서 본연의 임무를 완벽하게 수행하고 있다.

하지만 안타깝게도 수많은 개의 귀는 오랜 시간 동안 인위적으로 선택 번식을 시킨 결과 자연스러움과 거리가 멀어졌고 극심한 고통을 받고 있다. 대다수 품종견의 귀는 크고, 무겁고, 털이 많고, 두꺼운 몇몇 특성을 갖도록 교배되었다.

야생의 갯과 동물과 고양잇과 동물의 귀는 위로 쫑긋 서 있으며 앞으로 열려 있다. 이런 모양 덕에 청각이 매우 발달했고 소리가 어느 방향에서 나는지 정확하게 안다. 귀의 움직임과 모양은 의사소통에도 이용된다. 외이도 안쪽은 오직 귓속에 들어오는 먼지와 오물을 막기 위해 아주 민감한 소량의 털만 자란다. 이런 형태의 귀는 공기가 쉽게 순환하고, 외이도는 밖으로 열려 있어서 귀지와 찌꺼기 배출이 쉽다.

무슨 말을 하려는지 알 것이다. 다양한 귀 형태를 원한 인간의 욕망 때문에 우리는 자연이 멋지게 설계한 기관을 망가뜨렸다. 실제로 듣는 기

바셋하운드는 큰 귀를 이용해서 하늘을 날 수 있는 게 아니라 발로 자기 귀를 밟아 상처를 입힐 수 있다. © Adobe Stock

만화 속의 바셋하운드. © Adobe Stock　　실제 바셋하운드. © Adobe Stock

능이 심각하게 영향받지 않더라도 비정상적인 귀 모양 때문에 생기는 부정적 결과는 다양하다.

바셋하운드는 우스꽝스러운 귀 모양의 대표 주자다. 2004년 바셋하운드의 견종 표준서에는 귀가 "반드시 눈 선 바로 아래에 위치해야 한다. 정확한 길이의 주둥이 끝보다 훨씬 넘어설 만큼 길어야 정확한 길이다. 그러나 과도하지 않아야 한다."고 쓰여 있다. 그리고 우습게도 2017년의 새로운 견종 표준서는 "… 주둥이 끝을 살짝 넘어설 만큼 길어야 … 그러나 과도하지 않아야 한다."로 변화했다.

내가 이 견종 표준서를 정확하게 이해한 건가 싶다. 어떻게 귀가 주둥이 끝보다 훨씬 혹은 살짝 긴데 과도하지 않을 수 있는 걸까? 표준서에 따르면 둘 중 어느 쪽이든 바셋하운드의 귀는 고개를 숙였을 때 땅에 닿거나 질질 끌고 다녀야 한다. 야생이었다면 민감한 기관인 귀를 땅에 질질 끌고 다녀서 외상이 생기는 동물이 있을까? 당연히 없다.

바셋하운드는 발로 자기 귀를 밟아 상처를 입을 가능성이 가장 높다. 뿐만 아니라 귀의 무게 때문에 외이도로 흐르는 공기가 막히고 이물질도 빠져나가지 못한다. 외이도가 축축하고 따뜻해지면 피부 주름과 유사한 현상이 벌어진다. 만성 염증은 일상이 되고 외과 수술이 필요한 경우도 있다.

이런 특징이 있는 귀는 수술을 어렵게 만든다. 귀를 정수리 쪽으로 들어 올려서 붕대로 감거나 양쪽 귀 끝을 집게로 고정하기도 한다. 수술 후에 이런 개의 모습을 보고 보호자들은 재밌어 하지만 외과적으로는 악몽과 같은 일이다. 많은 영국 사람들은 바셋하운드가 주인공인 〈프레드 바셋Fred Basset〉(1963년 시작해서 인기를 끈 신문 연재 만화_옮긴이 주)에 좋은 기억이 있지만 현실 속의 동물이 만화를 따라하려면 인간은 스스로에게 심각한 윤리적 질문을 던져야 한다.

사냥개라기에는 너무 취약한 스패니얼의 큰 귀

바셋하운드는 큰 귀 때문에 고통받는 품종이다. 그러나 다른 몇몇 품종은 귀에 관한 다른 이유로 그뒤를 잇고 있다. 다른 바셋 품종, 블러드하운드, 닥스훈트, 세터, 포인터, 당연히 스패니얼 품종도 빼놓을 수 없다.

스프링거스패니얼, 코커스패니얼 등의 스패니얼 품종은 귀가 아주 크고 무겁고 털이 많으며 외이도에도 털이 많다. 병원을 찾은 스패니얼의 귀에서 풀씨와 잔 나뭇가지를 끄집어 내느라 수많은 여름을 보내기도 했다. 어떤 종류의 스패니얼인지에 따라 개의 귀는 '길고', '코끝까지 닿아야 하며', '충분히 크고', '긴 털로 잘 덮여 있어야 하고', '두껍고', '낮게 붙어' 있어야 한다. 어떤 사람들은 스패니얼 품종의 꼬리에 상처가 날까 봐 일찌감치 기쁜 마음으로 꼬리를 절단하기도 하는데 꼬리 자르기(단미)는 뒤에 자세히 이야기할 것이다.

나는 후회 없는 삶을 살기 위해 노력한다. 저지른 일에 대해 후회하지 않을 수 있는 철학을 가지려고도 노력한다. 모든 일이 경험이고 배움의 일부기 때문이다. 개 꼬리를 자르는 끔찍한 단미 수술을 금지하자는 캠페인을 벌이던 때였다. 단미에 찬성하며 로비하는 단체들은 왜 개가 태

자연스러운 귀는 곧게 서 있고 잘 움직이며, 덮여 있지 않고 열려 있다. © Adobe Stock

어나자마자 무조건 꼬리를 잘라야 하는지 설명하는 전단지를 끝도 없이 돌렸다.

전단지에는 귀여워 보이는 스패니얼이 푸르른 들판을 뛰어다니는 모습이 담겨 있는데, 덤불에서 꼬리를 다쳐 피투성이가 된 사진이었다. 이는 다분히 사람들에게 충격을 주기 위한 의도가 담긴 사진이다. 수의사라면 개의 꼬리는 조금만 다쳐도 쉽게 출혈이 생기고, 꼬리에 상처가 나면 개가 꼬리를 칠 때마다 끔찍한 범죄 현장처럼 피가 튀지만 사실은 몇 밀리리터 안 되는 출혈이라고 설명할 것이다. 실제로 사진 속 개의 꼬리에 난 상처는 아주 작았을 것이다.

그즈음 전단지 속 사진과 거의 똑같은 모습으로 숲에서 놀다가 피로 범벅이 된 스패니얼이 동물병원에 온 적이 있다. 심지어 진료실 벽에 기대어 앉은 자세조차 전단지와 똑같았다. 전단지와 다른 건 다친 부위가 꼬리가 아니라 귀라는 것이었다. 스패니얼의 귀는 축 늘어져서 찢겨져 있었다. 꼬리와 마찬가지로 귀 역시 작은 상처에도 출혈량이 많은 부위다. 그때는 카메라 기능이 있는 휴대전화가 없을 때여서 사진을 찍어 두지 못해서 아쉽다. 귀에 상처가 생겨서 피가 범벅이 되었지만 그렇다고 귀를 자르지는 않는다고 단미에 찬성하는 단체의 주장에 반박할 수 있는 사진이었는데 말이다. 나는 시골 동물병원에서 오래 일했기 때문에 사냥개를 많이 봤는데 귀의 외상과 귓속 이물질 때문에 수술할 일이 꽤 많았다. 이런데도 왜 사람들은 외상과 이물질 수술을 부르는 큰 귀에 의문을 갖지 않고 여전히 '그래도 우리는 견종 표준서를 따라야 해!'라고 생각하는지 모르겠다.

친구의 개인 스프링거스패니얼 헨리를 돌봐준 적이 있다. 헨리는 성격이 좋고 사랑스러웠다. 장난감 하나로 사람과 쉽게 친해지는 성격이었고, 한시도 사람과 떨어져 있으려고 하지 않았다. 나는 헨리와 내 개들을 데리고 숲으로 갔다. 개들이 좋아하는 장소여서 우리는 한 시간 정도 걸었다. 헨리도 신나는 시간을 보냈다. 온 숲을 냄새 맡고 뒤지고 정신없이 뛰어다녔는데 코가 바닥에 붙어 있다시피 하니 귀가 바닥에 질질 끌리고 있었다. 집으로 돌아왔을 때 헨리의 귀는 찐득한 잎과 숲에 있는 온갖 종류의 잔해로 뒤덮여 있었다. 친구가 산책을 갈 때마다 헨리의 귀와 털에 붙은 것들을 떼느라 많은 시간을 보낸다는 사실을 알고 있었지만 이 정도일 줄은 몰랐다. 만약 진짜 사냥터라면 사냥꾼들이 친구처럼 개의 귀에 많은 시간을 할애할 수 없을 것이다. 스패니얼 품종을 사랑하는 사람들이 많다는 것을 안다. 아마도 그중 일부는 스패니얼의 귀가 조금만 더 작으면 좋겠다는 것에 찬성할 것이다.

푸들의 귀를 괴롭히는 외이도의 풍성한 털

푸들은 다른 품종에 비해 외이도에 털이 훨씬 많다. 그래서 귓속의 공기 흐름이 적고 외이도에서 분비되는 모든 정상적인 분비물이 털에 간힌다. 이런 구조 때문에 만성 자극과 감염은 수시로 일어난다. 애견 미용실에서 귓속 털을 뽑아야 하는 푸들도 있다. 귀에 털이 난 사람이라면 그 털을 핀셋으로 잡아 뜯을 때 어떨까? 바로 고막 앞에 난 털을 뽑는다면 참기 어려울 테고 그건 개도 마찬가지다. 그러다 보니 푸들 귓속의 털을 뽑을 때면 불필요하게 진정제와 마취제를 쓰게 된다. 불필요하다고 하는 것은 수의사가 진정제와 마취제를 사용해서는 안 된다는 말이 아니라 개들이 고통받으니 이런 개들을 번식해서는 안 된다는 뜻이다.

피부병과 귓병은 여러 가지 요인에 의해 발생한다. 예전 말로 '고질병'을 앓는다고도 한다. 과거에는 귓병을 다른 피부병과 완전히 따로 보던 때가 있었다. 그러나 최근 들어 귀와 피부의 질병이 어떤 경우에는 밀접

나의 반려견 팬과 배저. 건강하고 균형 잡힌 귀를 갖고 있다.

한 관계가 있음을 알게 되었다. 귀는 피부로 덮여 있다. 바셋하운드, 골든리트리버, 래브라도리트리버, 웨스티, 푸들과 같은 품종이 만성 귓병에 잘 걸린다. 귀의 구조적인 문제와 유전적 성향으로 질병이 생기는 경우다. 여름날 동물병원의 환자 목록은 이런 개들로 가득 찬다. 머리를 흔들고 귀를 긁고 불편해서 스스로 상처를 내는 개들이 몰려든다. 수의사가 직업상 맡게 되는 냄새 중에 가장 독특한 냄새를 묻는다면 썩은 이빨 냄새, 항문낭 냄새, 소의 썩은 태반 냄새, 귀의 구조가 이상한 개들의 귀에서 뿜어져 나오는 끔찍하고 기름진 찐득한 냄새일 것이다.

다시 샤페이로 돌아가서 꽉 접힌 귀를 잊지 말자. 귀가 접힌 고양이도 있는데, 이런 개와 고양이 모두 귀가 자연선택과 반대로 설계되고 번식된 것이다.

사람들은 이미 이런 품종에 익숙해졌지만 이 품종들의 실체가 무엇인

부자연스럽게 접힌 귀.
© Adobe Stock; Shutterstock

부자연스러운 귀.
© Adobe Stock

지 마주보기 시작해야 한다. 그런 개의 모든 것들이 다 끔찍하거나 나쁘다고 말하려는 게 아니다. 인간이 만들어 놓은 모양이 문제라는 것이다. 인간은 자연에서는 찾아볼 수 없는 형태의 귀를 만들어 냈다. 이런 귀는 고통과 감염을 유발하며 소리를 듣거나 의사소통을 하는 것이 어렵다. 자연은 외모가 아닌 건강을 선택하고 유전적 다양성을 지향하기 때문에 이런 귀는 자연적으로 생겨나지 않는다. 잡종견 중에서 귀의 반이 접힌 경우도 있는데 이런 귀들은 온전한 기능을 한다. 의사소통을 하기 위해 쫑긋거릴 수 있고, 소리의 위치를 추적할 수도 있다. 귓속에는 털이 거의 없고 귀는 머리의 크기에 비례해서 알맞은 크기로 붙어 있다. 강아지나 새끼 고양이를 입양할 예정이라면 자연이 의도한 대로 열려 있고 깨끗한 귀를 가진 개체나 품종을 선택하기를 바란다.

7
꼬리 자르기(단미)

품종에 관한 첫 번째 책을 쓸 때 다시는 꼬리 자르기(단미)에 대해 쓰지 않기를 바랐다. 하지만 슬프게도 10년이 흐른 지금도 꼬리 자르기는 계속되고 있다. 어느 나라에서 이 책을 읽고 있든 다 같은 상황일 것이다. 원래 이 장의 제목을 단순히 '절단'이라고 하려고 했다. 느낌을 정확하게 전달해서 눈을 번쩍 뜨이게 하고 싶었기 때문이다. 이 주제에 대해 깊이 알지 못하는 독자라면 아마도 글을 읽으며 몹시 분노하다가 무엇이 문제인지 깨달을 것이다.

영국은 2006년 동물복지법의 시행으로 꼬리 자르기에 관한 큰 진전이 있었다. 꼬리 자르기의 전면적 금지를 주장했던 사람들은 당연히 모든 품종에 대한 완전한 꼬리 자르기 금지를 원했다. 그 관행을 용인할 만한 어떤 이유도 없기 때문이다. 그러나 슬프게도 나와 많은 사람들의 목소리는 소수에 지나지 않았다. 냉소적으로 보자면, 자기 개의 귀여운 모습을 유지하고 싶은 정치인을 포함해 돈 많은 사업가들이 법안 통과의 마지막 순간에 날치기를 했을지도 모른다. 동물복지법은 나라마다 다르지만 영국은 사역견을 예외로 해서 많은 품종이 여전히 신체를 절단당한다.

이처럼 이런 예외를 두고, 여전히 꼬리를 절단하는 나라가 많기 때문에 꼬리 자르기가 정확히 무엇이고 사람들이 왜 그 짓을 계속해야 한다고 생각하는지 알아봐야 한다.

꼬리 자르기는 생후 1~5일 사이에 한다(브리더가 바쁘고 깜빡해서 생후 8일째 꼬리를 자른 경우도 있다). 보통 가위나 메스로 꼬리를 자르거나 꼬리를 고무줄로 묶어서 피가 통하지 않게 한 후 괴사시켜 꼬리가 떨어져 나가게 한다.

아마 적절한 방법으로 꼬리를 자르면 이 과정에서 통증이 전혀 없다는 이야기를 들은 사람도 있을 것이다. 실제로 단미품종협회CDB, Council for Docked Breeds에서는 강아지가 잠들었을 때 꼬리를 자르면 잠에서 깨지 않는다는 주장도 한다. 이렇게 되묻고 싶다. 사람 아기가 평화롭게 자고 있을 때 누군가가 가위로 손가락을 자른다고 걸 상상이나 할 수 있을까? 손가락 끝마디에 고무줄을 감아 놓고 통증이 시작되기까지 얼마나 걸리는지, 얼마나 오랫동안 참을 수 있는지도 알아보기를 바란다. 꼬리를 자르는 수술을 할 때 강아지를 잡고 있어야 해서 마지못해 그 과정을 본 간호사들과 이야기를 나눈 적이 있다. 그들 중 한 명 이상은 그 일을 다시 해야 한다면 일을 그만두겠다고 했다. 한 수의사는 수술을 할 때 보호자에게 강아지를 잡고 있으라고 시킨다. 그러면 대부분의 보호자는 더 이상 꼬리 자르는 수술을 해달라고 조르지 않는다고 했다.

꼬리 자르기 수술에 대해 이야기를 하면 사람들은 대부분 거부감을 나타낸다. 오직 도그쇼에 나가는 사람이나 브리더, 사냥개 주인만 꼬리 자르기 수술을 선호한다. 아직도 많은 사람들이 꼬리 자르기에 대해 모른다는 사실에 좌절하지 않으려고 한다. 일부 사람들이 이토록 비밀스럽게 동물의 꼬리를 자르고 있으니 대중이 진실을 알기가 어려운 게 사실이니까. 한 잭러셀테리어 브리더는 워낙 오랫동안 꼬리 자르기를 해서 이제는 강아지의 70퍼센트가 꼬리 없이 태어난다는 이야기를 한다. 진화론적으로 말도 안 되고 일부 사람이 떠드는 쓰레기 같은 이야기다.

지금부터 단미품종협회의 주장을 하나하나 살펴보고 그에 대해 생각해 보자. 그들의 주장에 반박하는 것은 쉬운 일이다. 어떤 논리도 없기 때문이다.

주장 1. 꼬리를 잘라서 꼬리의 부상을 막는다

꼬리 자르기가 가장 큰 부상이다

그들이 가장 자주 하는 말은 꼬리의 손상을 막기 위해서라는 것이다. 실제로 많은 품종견이 훗날 입을 꼬리 손상을 방지하기 위해 전통적으로 꼬리 자르기 수술을 받아 왔다. 특히 스패니얼이나 포인터와 같은 사냥하는 사역견에게는 관행이었다. 개들의 열정적인 꼬리 움직임 때문에 일할 때 심각한 고통과 부상을 입는다는 것이다. 협회는 심지어 '사역견이 아닌 품종이라도 집 안에서 이런 부상을 당할 수 있다'며 개들의 꼬리를 잘라도 된다고 주장한다. 정말 끔찍한 일이다!

어디서부터 반박을 시작해야 할까? 사역견의 꼬리를 자르지 않은 보호자들이 편지를 많이 보내 왔다. 그들은 사역견의 꼬리를 자르지 않았는데, 사는 동안 아무 문제도 없었다고 했다. 앞 장에서 이야기했듯 스패니얼은 길고 늘어지며 덥수룩한 귀를 갖도록 번식되었다. 그런 귀가 가장 먼저 가시덤불에 닿을 게 뻔한데 꼬리 자르기 찬성론자들은 왜 귀는 자르라고 하지 않을까?

동물복지법안의 꼬리 자르기에 관해 논쟁이 오가는 동안 수많은 꼬리 자르기 찬성론자들은 나중에 개가 부상을 입어 꼬리를 자르게 된다면 마취가 필요하고 수술이 길어지며 회복도 고통스러울 것이라고 주장했다. 위선적인 허튼소리다. 첫째, 그들은 풀씨를 제거하거나 귀에 난 상처를 수술하기 위한 마취는 그다지 우려하지 않는다. 둘째, 모든 수술은 표준에 따른 진통제를 사용하여 통증 없이 이루어진다. 셋째, 부상을 입은 꼬리는 수술 후 일주일에서 열흘 사이에 회복된다. 만약 회복할 시간을 충분히 주지 않고 개를 일터로 내몬다면 그거야말로 우려할 일이다.

우리가 흔히 보는 사역견 품종은 래브라도리트리버다. 래브라도리트리버는 믿기 어려울 정도로 꼬리를 심하게 흔든다. 통증이 심해서 꼬리를 들어올리거나 움직이지 못하는 증세를 '래브라도 꼬리' 혹은 '수영선수 개 꼬리'라고 부르는 이유는 보통 종일 꼬리를 심하게 흔들거나 수영을 해서 피로가 쌓여 이런 증상이 나타난다고 여겨지기 때문이다. 이런 경우도 분명 꼬리를 자르면 고통을 미리 막을 수 있을까? 하지만 래브라도리트리버는 '전통적으로' 단미를 하지 않는 품종이니 그럴 리 없다.

포인터의 경우는 더 이상하다. 잉글리시포인터는 꼬리를 자르지 않지만 저먼포인터는 꼬리를 자른다. 저먼쇼트헤어드포인터는 꼬리를 자르지만 저먼롱헤어드포인터는 자르지 않는다! 그럼 폭스하운드(영국 왕실의 여우사냥에 이용되는 품종)는 왜 꼬리를 자르지 않는가? 영국왕립수의사회는 생후 5일 안에 어느 개가 사역견이 될지 반려견이 될지 알 수 없기 때문이라고 했다. 그래서 부상을 막기 위해 꼬리를 자른다는 주장은 타당하지 않다. 원래 많은 테리어 품종은 좁은 공간에서 일했기 때문에 꼬리를 잘랐다. 그런데 현대 사회에서 일하는 요크셔테리어가 있기나 한가?

이 지경이니 반려견이 꼬리 부상을 입을까 봐 꼬리를 자른다는 주장은 황당할 정도다. 나도 고질적인 상처나 부상 때문에 꼬리 전체 혹은 일부를 절단하는 수술을 여러 번 했다. 스태퍼드셔테리어나 래브라도리트리버도 했지만 가장 자주 만난 품종은 그레이하운드였다. 그레이하운드는 경주용 켄넬에 오랜 시간 갇혀 있거나 경주에서 은퇴한 뒤에도 보호소 켄넬에 갇히는 경우가 많아 꼬리를 쉽게 다친다. 그레이하운드의 꼬리는 길고 채찍 같은 모양으로 얇은 피부로 덮여 있다. 그런데 꼬리 자르기 찬성론자 중에 그레이하운드의 꼬리를 잘라야 한다고 주장하는 사람은 아무도 없다. 알 수 없는 일이다.

부상으로 인한 꼬리 절단은 고양이가 더 많다

사실 지금까지 내가 꼬리를 가장 많이 절단한 동물은 고양이다. 고양이들은 차에 치이고, 문틈에 끼이고, 발밑에 깔리고, 싸우다가 다치는 등 수도 없이 꼬리를 다친다. 하지만 아무도 고양이의 꼬리를 미리 잘라야 한다고 주장하지 않는다. 고양이는 꼬리로 의사소통을 하고 균형을 잡기 때문일 것이다. 근데 고양이만 그런가?

나와 사는 아름다운 개 두 마리는 꼬리를 '열정적으로' 움직인다. 그 덕에 나는 이 친구들이 커피 테이블 옆을 지날 때마다 떨어지는 커피잔을 낚아채는 놀라운 반사신경을 발달시킬 수 있었다. 우리 개들은 꼬리를 다친 적이 전혀 없다. 만에 하나 다칠까 봐 혹은 내 편의를 위해 그들의 꼬리를 잘라야 했을까? 하루는 개들과 걷고 있는데 한 가족이 다가왔다. 스프링어스패니얼 세 마리가 덤불 속에서 뛰어나왔는데 모두 꼬리가 길고 아름다웠다. 너무나 행복해 보였다. 꼬리가 잘린 개, '잘라야 하는데' 잘리지 않은 개를 볼 때마다 꼬리 자르기 문제는 해결되어야 한다고 생각한다.

부상을 예방하기 위해 꼬리를 잘라야 한다는 주장을 따져 보려면 실험을 해야 한다. 세상의 모든 개와 고양이를 일 년 동안 집 안에서만 기르면 무슨 일이 일어날까? 싸움으로 상처를 입거나 발바닥 패드가 찢어지는 일도, 풀씨가 붙는 일도, 교통사고로 다치거나 다리를 저는 일도 없을 것이다.

2001년 영국에서 구제역이 발생했을 당시 사람들은 개와 산책을 나가지 않았다. 덕분에 개가 다치는 일이 없다 보니 동물병원이 텅 비었다. 농장동물을 진료하는 동물병원은 문전성시를 이뤘지만 개, 고양이 동물병원의 환자는 확연히 줄었다. 개가 다치는 일을 막기란 아주 쉽다는 게 증명된 셈이다. 하지만 그렇다고 개들을 집 안에만 있게 해서는 안 된다는 걸 우리 모두 알고 있다. 그러니 나중에 꼬리를 다칠까 봐 미리 자르는 것도 안 되는 일이다.

단미 찬성론자들은 개의 부상을 막기 위해 단미를 한다고 하지만 꼬리를 자르는 것이 바로 부상이다. 그러니 꼬리 자르기 전면 금지는 개의 복지를 개선하는 것이다.

스코틀랜드는 모든 품종의 꼬리 자르기를 금지하는 동물복지법을 통과시켰다. 이는 옳은 일이었으나 많은 사람들이 재검토와 예외 도입을 요구하자 2014년 꼬리 자르기 금지가 개들의 꼬리 부상 비율에 미친 영향을 평가하는 연구를 했다. 연구 결과 스패니얼과 사냥용 헌트포인트리트리버들은 꼬리 자르기 금지 후에 더 많이 다친다는 결론이 나왔다. 그러나 이 연구는 수의사가 아니라 개 주인들의 기록에 근거했기 때문에 신뢰도가 낮았다. 연구는 이 품종의 약 17퍼센트가 부상을 입었다고 했지만 부상 정도는 치료나 절단 수술을 필요로 하지 않는 수준이었다. 그리고 어쨌든 꼬리 자르기 금지법 덕분에 83퍼센트의 개는 꼬리가 잘리지 않았다는 것이 중요하다.

동물병원 자료를 기반으로 한 연구는 0.9퍼센트의 사역견, 0.53퍼센트의 비사역견이 꼬리에 상처를 입었다. 꼬리 자르기 찬성론자는 항상 얼마나 많은 사역견이 꼬리를 다치는지 부풀려 떠들지만 수의학적 자료에 따르면 사역견도 99.1퍼센트는 꼬리에 부상을 입지 않는다. 사실이 이런데도 부상을 피하기 위해 꼬리를 자른다는 핑계는 너무 궁색하다.

주장 2. 꼬리를 자르는 게 위생적이다

단미품종협회는 요크셔테리어나 올드잉글리시시프도그처럼 털이 긴 동물의 꼬리도 잘라야 한다고 주장한다. 똥이 묻어 꼬리가 오염될 수 있고, 파리가 알을 낳아 더 심각한 건강 문제로 발전할 수 있다는 이유다. 8장에서는 털이 도드라지게 많은 몇몇 품종을 살펴볼 텐데 그런 개도 구더기가 들끓을 만큼 관리가 안 되면 털을 짧게 자르거나 항문 주변 털을 깨끗하게 밀면 된다. 그 정도도 위생 관리를 해 주지 못할 보호자라면 꼬리를 잘라도 큰 의미가 없을 것이다.

그들의 주장대로라면 비어디드콜리나 러프콜리처럼 털이 긴 품종은 왜 꼬리를 자르지 않을까? 또한 저먼셰퍼드는 항문절양다발증이라고 하는 유전적 질병이 있다. 이 질병은 만성적으로 항문 주위의 피부 깊숙이 감염이 생기는 것으로, 최악의 경우에는 안락사에 이른다. 그런데 왜 저먼셰퍼드의 꼬리를 남겨두는 걸까? 위생이 그렇게 중요하다면 페르시안 고양이 꼬리는 왜 자르지 않는지 궁금해진다. 이에 대한 해답은 이어지는 글에 나온다.

주장 3. 품종 표준을 유지하기 위해서다

꼬리 자르기에 대해 제대로 알려주면 보호자는 옳은 선택을 한다

꼬리 자르기의 이유가 견종 표준서 때문이라는 해답은 단미품종협회의 속을 빤히 들여다본 가장 마음에 드는 명백한 이유다. 이런 이유로 꼬리 자르기는 계속된다. 단미품종협회가 하는 주장을 자세히 살펴볼 필요가 있어서 사이트에 있는 글을 가져왔다.

> 여러 세대에 걸쳐 단미를 해온 품종은 단지 꼬리의 길이나 모양, 움직임이 아니라 특정한 체구와 체형을 위해 선택교배 되었다. 따라서 최고의 개일지라도 꼬리를 자르지 않는다면 좋은 꼬리가 아니다. 품종의 품질을 유지하기 위해 브리더들은 최소한의 부모견을 남겨두어야 한다. 유전자 풀이 줄어들면 유전병의 위험이 심각하게 증가한다. 어떤 품종은 영원히 사라질 수도 있다.

솔직히 이 글을 보고 웃지 않을 수 없었다. 대체 누가 이런 시시한 말을 귀담아듣는지 모르겠다. 어떻게 개가 '좋은' 꼬리를 가지지 못할 수 있는가? 개는 원래 모두 좋은 꼬리를 가지고 태어났다. 진심으로 개의 건강이 걱정이라면 품종 표준이라는 개념 자체가 전 세계 개, 고양이의 건강을 해치고 열악한 동물복지의 주요 원인임을 알아야 한다.

단미품종협회가 유전자 풀을 언급한 내용은 사실상 브리더들이 도그쇼 입상을 위해 외모에 신경을 쓰다 보면 유전자 풀을 무시할 거라는 이야기다. 그건 자기들이 꼬리가 잘린 '좋은 꼬리'를 선택하도록 '강요'하니 당연한 결과 아닌가. 정말 동물을 걱정하는 사람들은 정상적인 삶을 살 수 있는 건강하고 온전한 개를 선택한다.

영국왕립수의사회의 전문가용 가이드에는 품종이나 체형에 따른 꼬리 자르기는 비윤리적이고, 이에 연루된 수의사는 직업윤리 위배 행위로 제명될 수 있다고 명시하고 있다. '전문가적인 측면에서 수치스러운 행위'나 '인정할 수 없는 훼손' 같은 용어를 사용했다. 단미품종협회는 개의 생리학과 통증 수용체에 대해서 수의사 단체보다 더 잘 안다고 말할 수 있을까?

병원에서 일하다 보면 꼬리가 잘린 채 예방접종을 하러 오는 강아지들을 만나곤 한다. 그럴 때면 보호자를 비난하지 않으면서 조용히 이야기를 꺼낸다. 이야기를 나눠 보면 보호자들은 꼬리 자르기에 대해 아무 생각이 없음을 알 수 있다. 꼬리 자르기의 실상에 대한 설명을 들은 보호자들은 충격을 받고, 미리 알았다면 꼬리가 있는 개를 골랐을 것이라 말했다.

꼬리 자르기 금지(부분적으로)가 시행되기 전에 복서를 사랑하는 보호자를 만난 적이 있다. 그는 복서 여러 마리와 사는데 나이가 많은 복서에게 발작 증세가 와서 병원을 찾아왔다. 병세는 일시적인 회복 후에 계속 악화되어 결국 안락사로 보낼 수밖에 없었다. 보호자도 의료진도 가슴 아픈 일이었다. 아이를 보낸 며칠 후 그는 새로운 강아지를 안고 병원을 찾아와서는 아픈 아이를 잘 보내 줘서 고맙다고 감사 편지를 건넸다. 나는 우리 사이가 꼬리 자르기 문제를 꺼낼 수 있을 정도라고 생각했다. 그는 꼬리 자르기의 과정과 어떤 문제가 있는지에 대한 이야기를 듣고는 잠시 생각하더니 입을 열었다. 꼬리가 있는 복서와 함께할 수 있다면 너무 행복할 거라고 말이다. 그는 내가 생각하는 진정한 품종 애호가였다.

"복서는 꼬리가 있든 없든 복서지요. 저는 꼭 꼬리가 있는 복서를 기르고 싶네요."

정말 가슴이 따뜻해지는 말이었다. 다행히 요즘 영국에서는 전통적으로 꼬리를 자르던 품종이 아름다운 꼬리를 가진 모습을 흔히 볼 수 있다.

꼬리 자르기의 진실은 극심한 통증이다

꼬리 자르기의 진실은 극심한 통증이다. 개가 다른 개와 의사소통을 할 수 있는 수단을 빼앗는 일이고, 수술 시 출혈의 위험이 있으며, 심지어 척추 감염으로 죽기도 한다. 꼬리 자르기와 방광, 직장에 분포한 신경 문제의 연관성, 꼬리 자르기와 회음부탈장의 연관성은 증거가 꽤 있다. 꼬리가 잘리고 나서 남은 꼬리가 불편해서 꼬리를 씹는 강아지를 본 적이 있다. 앉을 때마다 남은 꼬리 부분을 찧는 강아지도 봤다. 변명의 여지가 없는 일이다. 나는 꼬리 자르기와 비슷한 일을 13살 때 직접 경험했다. 양쪽 새끼발가락에 문제가 있어서 교정을 위한 수술을 받았지만 효과가 없어서 결국 절단해야 했다. 그 후 나는 장애물을 뛰어넘거나 운동을 할 때마다 남은 발가락뼈가 부딪혀서 고통스러웠다. 꼬리가 잘린 강아지들이 자리에 앉아 있다가 불편해서 편하게 앉으려고 애쓰는 모습을 많이 봤다. 이렇게 꼬리가 잘린 많은 동물은 인간의 허영심 때문에 삶이 끝날 때까지 고통받는다. 역겨운 일이다.

켄넬 클럽의 2004년 견종 표준서에 꼬리 자르기가 선택 사항이거나 관례인 품종은 50개 정도 된다. 품종 표준에 부합하려면 꼬리를 얼마나 잘라야 하는지도 명시되어 있다. 어떤 심사위원은 꼬리가 보기 싫어 손으로 가리고 평가했다는 이야기를 들었다. 실제로 표준서에는 꼬리가 있다면 어떻게 '보여야 하는지'에 대해서도 서술되어 있다. 올드잉글리시시프도그는 꼬리를 끝까지 바짝 자르는 게 관례인

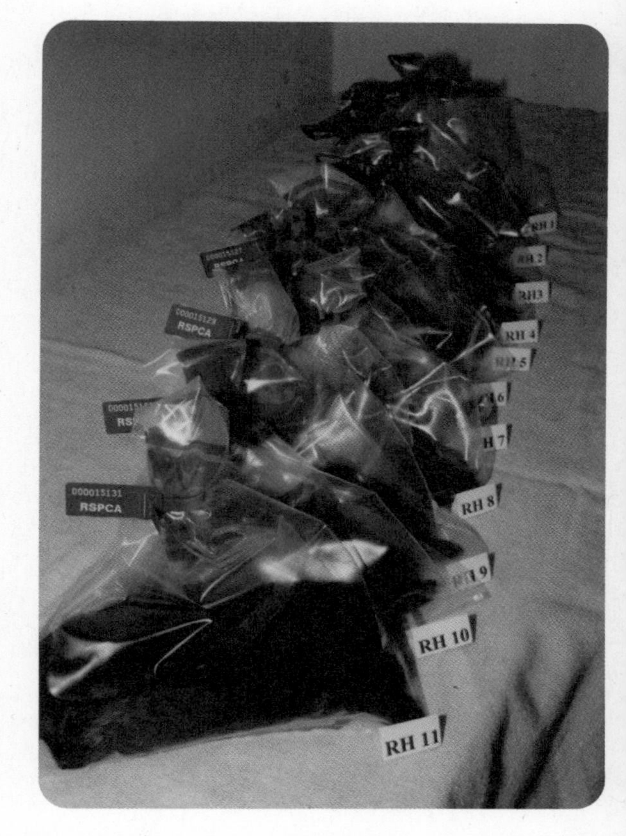

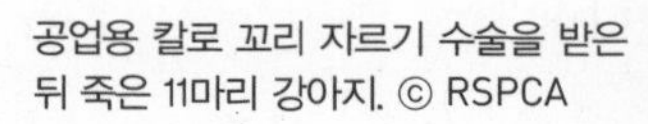
공업용 칼로 꼬리 자르기 수술을 받은 뒤 죽은 11마리 강아지. © RSPCA

데 만약 꼬리를 자르지 않았다면 적어도 지나치게 야단스러워서는 안 되고 동그랗게 말리거나 등 위로 올라가서도 안 된다고 서술되어 있다. 마치 꼬리가 원래 거기에 없었던 것처럼 말한다. 꼬리를 자르지 않은 올드 잉글리시시프도그를 보았을 때 정말 기뻤다. 산들바람에 휘날리는 아름다운 깃발 같은 그들의 꼬리를 보고 '지나치게 야단스럽다'라고 해서는 안 된다. 2017년 개정된 견종 표준서는 꼬리가 '자연스러운 움직임'을 가져야 한다고 적었다. 흐뭇했다. 마침내 진보한 것이다!

1996년에 수의사 면허를 딸 때 치료가 아닌 미용을 위해 꼬리를 자르는 수술은 배우지 않았다. 수의대에서 언제부터 꼬리 자르기 수술을 가르치지 않았는지 모르지만 이는 수의학의 발전을 단적으로 보여 준다. 시간이 흐르면 꼬리 자르기 관행은 흐지부지 사라지리라 확신한다. 젊은 수의사들은 분명 이 수술을 비윤리적이라고 생각할 것이기 때문이다. 법이 어떤 예외를 두더라도 수의사들은 미용을 위해 꼬리를 자르지 않을 것이다.

품종에 관한 법이 많이 바뀌어서 굉장히 기쁘다. 동물복지법이 시행된 뒤 여러 건의 고발 사건에 참여했다. 여전히 슬프게도 수많은 개가 예외에 해당되어 꼬리가 잘렸다. 하지만 꼬리가 잘린 개들 대부분이 사냥에 이용되지도 않는다. 사냥개라도 총소리를 무서워하면 새로운 가족을 만나 반려견으로 살기 때문이다.

갯과 동물은 꼬리를 달고도 사냥을 잘한다

진심으로 시대가 변하고 있음을 느낀다. 세상에 아름답게 흔들리는 꼬리가 예전보다 점점 더 많아지고 있다. 물론 앞으로 여전히 가야 할 길이 멀지만. 만약 어떤 품종을 입양하려고 생각한다면 부디 브리더에게 개의 온전한 모습을 원한다고 알리기를 바란다!

많은 사역견이 아름답고 온전한 꼬리를 가진 채 행복하게 일하고 있다. © Adobe Stock

2007년 쓴 책의 마지막 부분에 "20년 후에는 아이들이 꼬리가 잘린 개들의 사진을 보면서 대체 왜 이 시대에는 그런 일이 일어났는지 궁금해하고, 이제는 상식이 통한다는 것에 감사하기를 바란다."라고 적었다. 슬프게도 이렇게 되려면 아직 한참 멀었다. 실망스럽게도 2017년 스코틀랜드 정치인들은 산처럼 쌓인 증거와 수의사들의 전문적인 의견을 무시하고 이익집단의 목소리에만 귀를 기울여 통과가 확실시되었던 사역견의 꼬리 자르기 전면 금지법을 뒤집었다. 일부 사역견 품종을 꼬리 자르기 금지 대상에서 제외한 것이다. 이제껏 본 동물복지의 퇴보 중 가장 심각

야생 갯과 동물은 꼬리를 달고도 사냥을 잘한다.
© Adobe Stock, Paul Joynson-Hicks

한 것이었다.

개의 품종을 설명할 때 '목적에 부합하는'이라는 말을 자주 쓴다. 우리는 이 말을 스스로에게 물어야 한다. 사역견의 부상 위험 때문에 신체의 특정 부분을 '목적에 부합하게' 선제적으로 잘라내야 하는가? 당연히 아니다. 개가 일을 할 수 있을 만큼 강하지 못하다면 더 튼튼하게 번식시키거나 일을 그만 시켜야 한다. 만약 우리가 취미 또는 스포츠라고 부르는 활동을 지속하기 위해 개의 신체를 절단해야 한다면 그걸 취미 또는 스포츠라고 불러도 되는지 윤리적인 질문을 던져야 한다.

우리는 자연과 자연이 만든 사례를 되돌아봐야 한다. 야생 갯과 동물은 꼬리를 그대로 달고도 정말 사냥을 잘한다!

8
털, 너무 많거나 너무 적거나

추운 지방의 동물도 털이 길지는 않다

인간은 개와 고양이에게 미칠 영향이나 결과를 생각하지 않고 외형을 바꾸었듯이 털도 과감하게 바꿨다. 동물이 인간과 같은 욕구를 똑같이 가졌다고 보지는 않지만 우리는 모두 포유류니 더 공감할 수 있다. 자연과 인간은 각각 어떻게 동물의 털을 진화시켰을까? 동물의 털이 어떻게 변했는지, 목적이 무엇인지, 몸의 다양한 부분과 털이 어떻게 다른지 자세히 살펴봐야 한다. 그러고 나면 우리가 얼마나 지독한 실수를 저질렀는지 명백해질 것이다.

다양한 크기의 갯과와 고양잇과 야생동물은 각기 다른 기후 속에서 살아간다. 몹시 추운 지역에 사는 늑대와 눈표범부터 사막에 사는 개와 고

추운 기후에 사는 야생동물은 털이 빽빽하게 나 있지만 길이가 길지는 않다. © Adobe Stock

양이까지 털의 형태는 다양하다. 하지만 추운 곳에 산다고 털이 아주 길지 않다. 너무 긴 털은 따뜻하지 않고 움직임에 방해가 되며 천적으로부터 도망치거나 사냥하기 어렵고, 분변이 묻거나 구더기도 생기기 쉽다. 털이 뭉치지 않도록 깨끗하게 손질해 주는 인간이 없다면 관리가 불가능하다. 지구상에서 추위가 가장 혹독한 지역에 사는 야생동물이라도 아주 긴 털은 드물며, 특히 입 주변 털은 절대 길지 않다.

털로 보온을 해야 하기 때문에 동물들의 털은 매우 빽빽하게 나 있다.

또한 공기를 가두고 따뜻함을 유지하기 위해 층마다 털의 종류가 다르고, 여름이 지나면 몸에 지방을 축적하며 월동 준비를 한다. 동물은 스스로 사는 곳의 기후나 계절 변화에 따라 1년 내내 털을 과감하게 바꾼다. 그런데 인간이 선택교배로 만들어 낸 털을 뒤집어쓴 개들과 사는 보호자들은 털 관리에 혀를 내두르는 경우가 많다. 털갈이를 조절하거나 멈추는 물건을 발명하면 백만장자가 될 수 있겠다는 생각을 하기도 했다.

물론 개와 고양이는 야생동물처럼 직접 사냥을 하면서 먹고살지 않는다. 그래도 과도한 털이 동물에게 무엇을 의미하는지 안다면 인간이 그들의 삶을 얼마나 힘들게 만들었는지 알 수 있을 것이다.

털을 세심하게 다듬는 고양이에게 긴 털은 끔찍하다

고양이는 털을 꼼꼼하게 손질한다. 더러워지기 싫어하고 오르거나 탐험하기를 좋아한다. 또한 고양이는 극도로 예민한 생명체다. 인간 세계에 널리 퍼져 있는 향수나 화장품 냄새를 지독하다고 느낀다. 목욕을 시키고, 거칠게 다루거나 붙들고, 심지어 털을 깎는 것은 그들에게 매우 부자연스럽고 스트레스받는 일이다. 고양이에게 긴 털은 삶의 질이 나빠짐을

20세기 초반 페르시안 고양이의 모습. 얼굴이 조금 짧고 털이 조금 길었을 뿐이다. © Adobe Stock

너무 긴 털은 보호자도 고양이 스스로도 관리하기 어렵다. © Adobe Stock

의미한다. 가장 두드러지게 털에 영향을 받은 품종은 페르시안고양이다. 1900년대 초에 캣쇼에서 상을 받은 페르시안고양이와 현재를 비교하면 믿을 수 없을 정도로 변했다. 그 시절의 페르시안은 일반적인 고양이보다 얼굴이 조금 짧고 약간 긴 털을 가지고 있다. 그러다가 1960~1970년대 무렵에 극단적인 모습으로 변했다. 지금은 얼굴이 볼록해지고 털이 부자연스럽고 부적합해졌다. 품종을 그렇게 짧은 기간에 극적으로 변형시켰다는 사실이 무서울 정도다.

어떤 사람들은 고양이 털을 관리하는 데 많은 시간을 쓰는데 이것도 고양이가 어릴 때부터 이런 관리에 익숙해졌을 때나 가능하다. 수의사는 털이 엉겨붙은 페르시안고양이를 병원에서 자주 만난다. 페르시안고양이의 털을 엉킴 없이 관리하려면 얼마나 많은 노력이 필요한지 전혀 모르고 키우게 되었다가 낙담하고 짜증내는 보호자들이 많다. 이는 수의사에게도 좌절감을 주는 일이다. 엉킨 털을 정리하려면 진정제를 써야 하고 최악의 경우에는 전신마취가 필요하다. 많은 경우 털을 머리부터 꼬리까지 미는 수밖에 없다. 제거한 털이 양모처럼 하나의 거대한 덩어리 같았던 고양이도 있었다. 세심하게 털을 다듬는 고양이에게 이런 털 뭉치가 얼마나 끔찍했을까? 게다가 얼굴과 입도 비정상이니 현대 페르시안고양이의 삶이 어떨지 짐작이 간다.

인간의 외모에 대한 허영심이 야기한 문제 때문에 동물에게 진정제나 마취제를 사용하려고 수의사가 된 게 아니다. 이런 일은 일어나서는 안 된다. 장모종 고양이는 관리가 힘들 수 있으니 키우기 전에 심사숙고하거나 피하는 것이 좋다. 털을 적절하게 다듬고 씻겨 주면 괜찮다며 동의하지 않는 사람도 있다는 것을 안다. 하지만 고양이를 목욕시키는 것 자체가 불합리한 것이다. 집에서 털 관리를 위해 실랑이를 해야 하고, 심해지면 병원에서 마취를 해야 하는 수준의 관리가 필요한 고양이를 계속 만들어 내는 일은 사라져야 한다.

고양이처럼 털을 세심하게 관리하는 동물에게 엉킨 털이 얼마나 끔찍할지 상상해 보기 바란다.
© Adobe Stock

입 주변의 긴 털은 치과 질환을 유발한다

개는 기본적으로 긴 털이 부자연스럽다. 긴 털은 움직임을 방해하고 쉽게 지저분해진다. 키가 작다면 긴 털이 바닥에 닿아 걸을 때 불편하고 온갖 잔가지와 풀씨가 붙을 것이다.

야생의 갯과 동물은 입 주변의 털이 길지 않다. 그런데 인간은 수염이 매력적인 품종을 많이 만들어 냈다. 도대체 왜 개에게 수염을 바라는지 모르겠지만 개의 수염에 매력을 느끼는 것은 인간뿐이다. 입 주변의 수염 같은 털은 음식과 침이 묻어 축축하고 때로는 냄새가 난다. 최대한 깨끗하게 유지하려면 매일 부자연스러운 관리를 받아야 한다. 그러다 보니 털색이 밝은 개들은 수염이 침으로 변색되는 경우가 흔하다. 몇몇 품종은 입 주변의 긴 털이 이빨에 걸렸다가 개가 입술을 핥을 때 입 안으로 끌려 들어간다. 이는 잇몸 감염과 불편으로 이어진다.

젖은 털이 자꾸 입속으로 들어가는 것이 좋을 리가 없다. © Adobe Stock

진료를 했던 스탠더드푸들이 기억난다. 진료 차트 작성을 마치고 다음 환자를 부르기 위해 문을 열었을 때였다. 당시 진료실과 상담실은 5미터 정도 떨어져 있었는데 역겨운 냄새가 내가 서 있던 곳까지 진동했다. 스탠더드푸들과 보호자가 진료실에 들어오자 악취는 훨씬 심해졌다. 많은 수의사가 직업상 역한 냄새에 익숙하지만 전혀 다른 차원이었다. 무슨 문제가 있어서 왔는지 물으니 "최근 들어 개가 뽀뽀할 때 약간 냄새가 나기 시작했어요."라는 대답이 돌아왔다.

개의 얼굴에 가까이 가자 고름 냄새가 진동을 해서 놀란 얼굴을 감추기 어려웠다. 용기를 내서 개의 입을 열었다. 아래쪽 이빨 전체에 길게 뭉친 털이 엉켜 있었다. 털이 점점 더 뭉쳐 이와 잇몸 사이의 공간으로 파고들면서 염증이 생긴 것이었다. 진료 당시 개의 입 전체가 썩은 고름 덩어리로 가득했고, 많은 이빨도 고름으로 짓무른 상태였다.

광범위한 치과 치료와 다량의 항생제 투여 후 보호자도 행복해졌지만 무엇보다 개의 삶이 훨씬 행복해졌다.

긴 털은 여름에 겨울옷을 입은 것과 같다

올드잉글리시시프도그는 털이 길어서 여름이 되면 보통 털을 잘라 준다. 하지만 털이 긴 데도 털을 자르지 않는 품종도 많다. 털이 긴데도 여름에 털을 자르지 않는 셰틀랜드시프도그와 비어디드콜리의 보호자를 만난 적이 있다. 이유를 물으니 "털을 자르고 난 후 원래대로 돌아오지 않아요."라거나 "더 이상 수염을 기른 것처럼 보이지 않을 거예요."라며 털 자르기를 무서워했다.

이럴 때면 여름 내내 겨울옷을 입고 살면 어떨지 생각해 보라고 이야기한다. 개는 인간처럼 피부로 땀을 배출하지 않는다. 발바닥에 땀샘이 있긴 하지만 대부분 숨을 헐떡이는 것으로 체온을 낮춘다. 여름에 개의 털을 자르지 않는 것은 몸을 식히지 못하게 하는 것과 같다. 얼마나 덥고 답답할지 왜 공감하지 못할까?

어디에 사는지에 따라 털 유형과 품종을 고려해야 한다. 어떤 품종은 임무를 위해 두껍고 따뜻한 털을 갖도록 교배되었다. 허스키 같은 썰매견이 대표적인 예다. 추운 지방에서 살던 개를 따뜻한 곳에서 키우는 것은 가여운 생명에게 너무나 부당한 처사다.

전통적으로 털을 깎지 않는 품종도 많지만 그렇다고 털을 깎을 수 없는 것은 아니다. 콜리, 리트리버, 셰퍼드 같은 품종도 여름에 미용을 하면 여름을 시원하게 나는 데 큰 도움이 된다.

우리 집의 반려견 팬과 배저는 콜리 잡종이다. 농장에 살던 암컷 콜리와 정체 모를 수컷이 어쩌다 짝짓기를 해서 태어난 새끼 열세 마리 가운데 둘이 팬과 배저다. 배저의 털은 평범한 편인데 팬의 털은 아주 두껍고 늑대처럼 속털이 있는 이중털이다.

팬이 3살 정도 되었을 때 여름 산책을 즐기고 있는데 더워서 힘들어했다. 배저는 평소처럼 돌아다니는데 팬은 느릿느릿 걸었다. 병원으로 데려가서 털을 깎았는데 내가 전문 미용사도 아니고 적당한 도구가 없어서 엉망이었다. 팬은 자기 몸을 보더니 깊게 한숨을 쉬더니 곰돌이 푸우 친구인 당나귀 이요르처럼 체념한 채 앉아 있었다. 털 깎기를 마치고 보니 족히 개 두 마리는 만들 정도의 털이 쌓였고, 속털의 털색이 다르단 것도 알게 되었다. 겉의 털은 검은색이었지만 속털은 밝은 회색이었다. 병원 동료들은 팬이 다른 개들의 웃음거리가 될 거라고 했지만 그날 저녁 산책할 때 팬은 강아지처럼 뛰어다녔다. 완전히 다른 개가 된 것 같은 모습이었다. 그 후 팬은 여름이면 털을 깎았고, 팬의 삶의 질과 산책의 즐거움은 절대적으로 높아졌다.

한 번은 해변에서 보더콜리의 털을 깎아 준 것을 자랑스러워하는 사람을 만났다. 우리는 으레 반려인들이 그렇듯 수다를 떨었다. 그는 털을 깎고 나니 청소를 해도 털이 적게 나온다며 미용의 장점을 극찬했다. 그의 누나는 콜리는 털을 깎지 않는 것이 정상이니 그러면 안 된다고 했다고

여름맞이 털 깎기를 하기 전과 하는 도중 그리고 다 깎은 후의 모습.

한다. 이런 이야기는 정말 흔하다. 털을 깎는 게 정상인지 아닌지를 누가 정하는 걸까? 인간은 여름에 겨울옷을 입고 나가지 않으면서 개에게는 왜 겨울옷을 그냥 입고 있으라고 강요할까?

내가 좋아하는 보호자는 듀크라는 이름의 셰틀랜드시프도그를 키운다. 듀크는 나이를 먹으면서 심부전증을 앓았고 호흡이 어려워졌다. 약에는 잘 반응했지만 약이 할 수 있는 것은 많지 않았다. 어느 여름날 듀크가 신음 소리를 내면서 헐떡인다고 연락이 와서 미용실에 데려가서 털을 아주 짧게 깎으라고 했다. 그다음 주 검진을 받으러 온 듀크를 보고 웃음

미용을 마친 모습. 눈이나 입 주위, 옆구리 등 부자연스러운 곳에 남겨진 털은 시야를 가리고, 입을 지저분하게 하고, 땅에 끌린다. © Adobe Stock

을 참을 수가 없었다. 듀크는 완전히 달라 보였고 병원의 많은 사람들이 듀크의 새롭고 날씬한 모습에 웃음 지었다. 어쨌든 듀크는 털을 깎은 후 훨씬 편해졌고 심장도 부담을 덜었다.

수의사인 남편도 팬에게 일어난 일을 본 후 보호자들에게 털을 깎으라고 권한다. 한번은 셰틀랜드시프도그 두 마리를 키우는 주인에게 미용을 추천했더니 "털이 다시 자라려면 1년은 걸릴 거예요."라며 거절했다고 한다. 무슨 상관인가? 털이 다시 자랐는지, 못나게 잘렸는지, 얼마나 달라 보이는지 개는 전혀 관심이 없다. 사람이 땀을 뻘뻘 흘릴 때 옷을 벗으면 시원한 것처럼 개도 털을 자르면 훨씬 편해진다.

품종에 따라 대개 털을 깎는 부위가 정해져 있다. 슈나우저, 체스키테리어 같은 개는 몸털은 자르는데 가장 성가신 눈 위나 입 주위의 털은 자르지 않은 채 길게 둔다. 옆구리에 치마 같은 털을 남기는 코커스패니얼과 웨스티 같은 개는 걷는 게 악몽 같을 것이다.

특히 푸들의 장식적인 미용은 할 말을 잃게 만든다. 실제 2004년 켄넬클럽 견종 표준서에는 이렇게 쓰여 있다. "패션을 신경 쓰는 사람이라면 다양한 스타일로 털을 자를 수 있다. 푸들은 멋쟁이므로 몸단장이 끝나면 고마워할 것이다." 아마도 푸들은 긴 시간 미용 테이블에서 고통받다가 마침내 벗어나 자유를 되찾는 순간이 고마울 것이다.

견종 표준서를 훑어보면 부자연스러운 털을 가진 개들이 많다. 대개 주인이 부지런하게 손질하거나 정기적으로 미용실을 방문해야 관리가 가능하다. 인간은 심지어 코몬도르, 헝가리안풀리, 베르가마스코처럼 레게 머리 스타일의 개까지 만들어 냈다. 알프스 같은 지역에서 체온을 지키고 목적에 맞게 활동하기 위해 털이 자연적으로 꼬이거나 엉켰다고 설명되어 있다. 106쪽 사진 속 개를 보면 엉킨 털이 땅에 닿았을 뿐 아니라 눈과 시야도 가렸다. 정상적인 털을 가진 개도 털이 눈에 닿으면 뭉치는데, 엉킨 털이 눈에 닿고 앞이 제대로 보이지도 않는 개가 가축을 모는 모습은 상상하기조차 어렵다.

긴 털은 개에게 행동 문제를 일으킨다

견종 표준서에는 털이 개의 시야를 가리는 품종이 30개가 넘는다. 요크셔테리어, 스카이테리어, 오터하운드, 아이리시워터스패니얼, 스패니시워터도그, 체스키테리어, 스코티시테리어, 실리햄테리어, 휘튼테리어, 라사압소, 푸들, 슈나우저, 시추, 티베탄테리어, 부비에, 포르투기즈워터도그, 러시안블랙테리어, 비어디드콜리, 베르가마스코, 브리아드, 카탈루냐

털로 얼굴이 가려지면 개의 의사소통에 문제가 생긴다. © Adobe Stock

시프도그, 풀리, 코몬도르, 올드잉글리시시프도그, 폴리시로랜드시프도그, 볼로네즈, 차이니즈크레스티드도그, 코통드튈레아르, 하바니즈, 로첸, 말티즈 등이다. 너무 많아서 유감이지만 인간이 무슨 짓을 얼마나 했는지 알아야 한다. 페키니즈도 잊지 말자. 털이 엄청나게 부자연스러운 데다가 머리는 심각하게 납작한 품종이다.

물론 눈을 가리는 털을 자르거나 뒤로 묶어 주는 사람도 있지만 그러지 않는 사람이 더 많다. 시야를 계속 가리고 다니고 싶은 사람이 과연 몇이나 될까? 앞을 보고 싶지 않다기보다 어른들을 화나게 하려는 10대라면 모를까. 털이 시야를 가리거나 입가의 털이 긴 갯과나 고양잇과 야생동물은? 없다. 전혀.

비정상적인 털이 개의 의사소통 능력에 영향을 미친다는 것을 아는 사람은 거의 없다. 개는 다른 개를 만났을 때 자신의 기분과 느낌을 표현하기 위해 다양한 신호를 보낸다. 자신감 있는 개는 매우 꼿꼿하게 서서 귀와 꼬리를 세운다. 자신감이 덜한 개는 귀를 납작하게 하고 몸을 웅크리며 꼬리를 아예 또는 반쯤 내린다. 위협당하는 개는 목털을 곧추세운다. 시선을 마주칠지 아닐지도 의사 소통에 매우 중요하다.

귀가 길고 무거워서 세울 수 없는 개, 털을 세울 수 없는 털북숭이 개, 꼬리가 없는 개는 의사소통이 거의 불가능하다. 한번은 훌륭한 행동 전문가를 만나 꼬리가 잘린 개의 행동 문제를 본 적이 있는지 묻자 그렇다고 했다. 최악은 올드잉글리시시프도그라고 했다. 금방 이해했다. 올드잉글리시시프도그는 얼굴, 입술, 귀가 털로 덮여 있다. 털을 세우지도 못하고, 눈을 마주치거나 피하지도 못한다. 심지어 99퍼센트는 꼬리도 잘렸다(몇몇 나라에서는 여전히 이 품종의 꼬리를 자른다). 인간은 아주 효과적으로 다른 개와 소통할 수 있는 개의 언어를 뺏은 것이다. 의사소통을 하지 못하는 개는 다른 개에게 어떻게 다가갈지 모르기 때문에 공격을 받기도 한다.

개, 고양이에게 털은 필수다

대자연의 골칫거리인 인간은 극단으로 치달아 털이 별로 없거나 아예 없는 동물을 만들어 냈다. 스핑크스고양이와 차이니즈크레스티드도그가

털을 깎기 전과 후의 올드잉글리시시프도그. 둘 중 어떤 개가 의사표현을 더 확실하게 할 수 있을까? © Adobe Stock

가장 대표적인 예다. 무모증을 일으키는 유전자는 품종마다 다른데, 두 품종의 경우 뱃속 새끼가 해당 유전자를 두 개 가지고 있으면 사산된다.

처음 스핑크스고양이를 인위적으로 번식하기 시작했을 때 낮은 임신율, 낮은 교미율, 높은 새끼 사망률이 문제가 되어 렉스 같은 다른 품종과의 교배를 통해서만 유지되었다. 차이니즈크레스티드도그는 털이 있거나 없는 새끼가 섞여서 태어나서 견종 표준서에 맞추기 위해 털을 밀기도 했다.

털이 없는 개와 고양이는 햇볕 화상과 피부암에 취약하고, 추운 기후에서는 체열 손실과 저체온증을 일으킬 가능성이 높다. 이런 품종은 피부의 기름을 자연적으로 흡수하고 퍼뜨릴 털이 없기 때문에 목욕이 필요하고 피부에 기름이 쌓이지 않도록 유분 관리도 해야 한다. 몸을 보호할 털이 없어 다칠 위험도 크다. 정상적인 동물은 귀의 털이 먼지와 찌꺼기를 걸러내는 반면, 스핑크스고양이는 귀에 털이 없어서 귀에 문제가 생길 수 있다. 또한 고양이에게 매우 중요한 감각 기관인 수염도 변형되었거나 없다. 고양이 구호단체 인터내셔널캣케어는 스핑크스에 대한 입장을 간단명료하게 밝히고 있다. "고양이에게 털은 필수다. 털이 없는 고양이를 번식해서는 안 된다."

털이 없는 동물이 인간에게 알레르기를 덜 유발한다고 말하기도 하지만 사실이 아니다. 사람은 대부분 털이 아니라 비듬, 피부 단백질, 침에 알레르기를 일으킨다. 그래서 사실은 털 없는 동물이 알레르기가 있는 사람에게 더 안 좋을 수 있다.

털 없는 고양이를 키우는 보호자들은 대부분 싸움으로 인한 상처나 부상, 햇볕 화상을 막기 위해 고양이를 실내에 둔다. 그런데 실내에만 있으면 스트레스를 받는 고양이도 있다. 종종 털이 없는 개와 고양이에게 옷을 입힌 모습을 본다. 자연이 준 털이 더 좋다는 생각은 왜 하지 않을까?

털이 없는 동물은 문제가 많다.
햇볕에 의해 화상을 입기도 한다.
스핑크스고양이와 차이니즈크레스티드도그.
© Adobe Stock

털이 너무 많거나 아예 없는 문제는 인간이 동물의 외모에만 집착해서 그것이 동물에게 어떤 영향을 미치는지 고려하지 않은 대표 사례다. 개나 고양이는 외모나 아름다움에 대한 개념이 없다. 품종별 차이는 전부 인간에 의해 인위적으로 날조된 것이다. 개나 고양이의 외모가 인간의 욕망에 부합하는지가 아니라 그들이 무엇을 필요로 하는지를 고민해야 한다.

9

티컵 개와 초대형견

뇌가 들어갈 자리가 없어 고통받는 소형견의 두개골

특정 품종의 인기 요인 중 하나는 유명 인사들이다. 영국의 코미디언 폴 오그래디, 영화배우 톰 하디와 리키 제바이스 등은 유기동물을 입양하거나 잡종견을 기르자고 강력하게 주장한다. 하지만 특이한 품종을 좋아하고 관심을 끌기 위해 과시하는 사람이 더 많다. 요즘 같은 소셜 미디어 시대에는 웃길 정도로 못생겼거나 이상하고 기이한 개와 고양이의 사진과 영상이 인터넷에서 돌풍을 일으킨다. 끔찍한 일이다.

작은 개는 점점 더 인기를 끌고 있다. 핸드백에 개를 넣고 과시하는 유명 인사의 소셜 미디어가 인기가 많기 때문이다. 물론 사는 곳과 생활방식 때문에 소형견을 선택하는 사람도 있다. 문제는 인간의 변덕이나 생활방식에 맞춰 점점 더 부자연스럽게 작고 허약한 개를 만들어 내고 있다는 것이다. 이는 동물에게 해롭다.

동물과 함께 살 수 있는 것은 권리가 아니라 특혜라고 굳게 믿어 왔다. 개나 고양이 또는 다른 동물을 원한다고 해서 꼭 가질 필요는 없다. 개와 운동할 시간이 없거나 아파트에 살아서 고양이가 자유를 누릴 수 없다면 키우기 전에 동물의 욕구를 생각하고 다른 동물을 선택하거나 그만한 환경이 될 때까지 기다려야 한다.

지난 수백 년 동안 인간은 크거나 작은 개를 키워 왔지만 현재는 기이한 번식으로 도를 넘어 버렸다. 다수의 소형 품종은 크기가 점점 더 작아지거나 건강이 나빠지고 있다. 앞서 언급한 휜 다리처럼 많은 소형견이 다리 모양이나 슬개골탈구로 인해 고통을 겪고 있는데 몇몇 토이 품종의 상황은 훨씬 더 심각하다.

먼저 우리가 '토이toy'라 분류하는 품종이 있다는 사실부터 짚고 넘어가야 한다. 켄넬 클럽 견종 표준서에 따르면 "토이 품종이란 과거에 중국에서 옷소매에 넣고 다니던 페키니즈, 유럽에서 바구니에 넣고 다니던 작은 개, 집안일을 하는 여자들의 '장난감toy'이었던 개"다. 토이 품종은 대다수 사냥개의 미니어처 버전이다. '크기가 작으면서 매력 있고 성격 좋은' 사냥개를 번식해서 그중 제일 작고 약한 개를 여성들에게 주었다고 전해진다.

인간이 동물을 키우기 시작하면서 만든 이런 다수의 전통이 지금은 부적절하고 시대에 뒤떨어졌다고 여겨지고 있다. 또한 이제 우리는 동물의 건강과 복지에 대해 전보다 잘 이해하고 있다. 그러니 생존하기 어려운 강아지로 품종을 만드는 것이 좋은 생각이었는지 의문을 가져야 한다.

치와와, 말티즈, 요크셔테리어 같은 토이 품종은 흔히 뇌에 물이 차는 수두증에 걸릴 확률이 높다. 수두증은 뇌척수액이 축적되어 뇌에 압력을 주고, 신경 증상, 통증, 메스꺼움이 나타나며, 두개골이 얇아지고 돔 형태가 되기도 한다. 치료가 어렵고 평생 고통이 따라다니기 때문에 어릴 때 안락사하는 경우가 많다. 그런데 왜 이 품종들이 수두증에 걸릴 가능성이 높은지 아무도 정확히는 모른다. 앞에서 설명한 단두개종의 구강 연조직처럼 신체 일부의 크기가 변했다고 해서 나머지 부분까지 꼭 바뀌는 것은 아니다. 소형 품종의 두개골은 작게 바뀌었지만 뇌 크기는 바뀌지 않아서 문제가 생긴 것이다.

가장 충격적인 예는 캐벌리어킹찰스스패니얼의 후두공이형성과 척수공동증이다. 2008년 BBC에서 방영된 다큐멘터리 프로그램 〈품종견을 폭로하다Pedigree Dogs Exposed〉가 이 주제를 다루면서 사람들은 동물이 겪는 고통에 격렬하게 반응했다. 캐벌리어는 두개골과 뇌의 크기가 맞지 않는 특별한 케이스다. 완전히 이해하기는 어렵지만, 오랜 번식을 거치면서 두개골은 작아졌는데 뇌의 크기는 몸이 클 때와 같은 상태 그대로였다. 게

후두공이형성과 척수공동증을 가진 개의 고통을 완화하기 위해 수술을 하기도 한다.
ⓒ Emma Bennett

침묵 속에서 만성 두통과 고통을 겪고 있는 캐벌리어가 많다. © Sheila Nolan

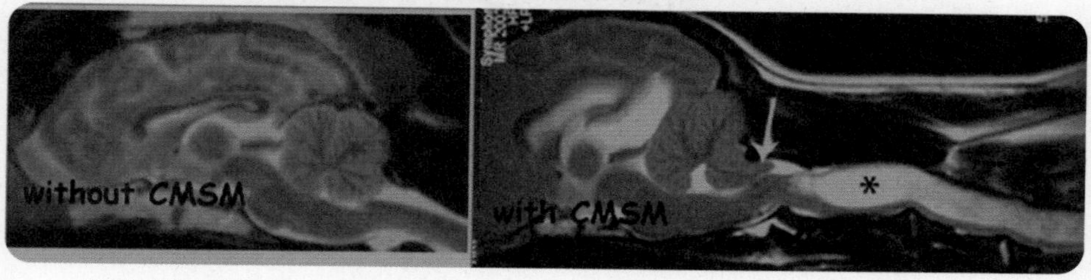

(왼쪽) MRI로 찍은 정상 뇌. (오른쪽) 후두공이형성과 척수공동증을 가진 개의 뇌. 사진 속의 화살표가 가리키는 것은 두개골 뒤쪽에 바깥으로 튀어나온 뇌다. 뇌 중간에 커다랗게 보이는 흰색 부분이 액체가 쌓인 것이다. 별표(*) 표시가 있는 곳은 척수 내 액체로 가득 찬 공동syrinx이다. 공동은 신경을 압박하고 있으며 위쪽과 아래쪽에도 손상을 준다. © Clare Rusbridge, Penny Knowler

다가 두개골이 작아졌을 뿐만 아니라 돔 또는 상자 형태가 되어 뇌와의 부조화가 더 뚜렷해졌다. 이 질병은 1997년에 처음 진단되었고 발병률이 점차 증가하는 추세다. 폭넓은 연구가 진행 중인데, 연구에 따르면 캐벌리어의 75퍼센트가 최소 한 가지의 부정적인 영향을 받았고, 약 5퍼센트는 확진을 받았다. 적은 수라고 생각할 수 있지만 전 세계적으로 보면 수천 마리에 해당한다. 브리더라면 이런 개들을 우선적으로 번식에서 제외해야 한다.

후두공이형성과 척수공동증을 간단하게 설명하면 뇌가 갈 곳이 없어 두개골 뒤로 불룩하게 나온 상태다. 두개골 아래쪽의 압력이 척수와 뇌에 체액을 축적하고, 뇌처럼 중요한 부분이 척수에 자리를 잡는 상황인 것이다. 심각한 정도는 개체마다 다른데 일부는 고통 없이 살고 있고, 대

바닥에 내려놓을 수 없을 정도로 약한 개는 개라고 할 수 없다! © Adobe Stock

체로 정상으로 보인다. 증상이 가벼운 경우에는 귀 문제나 벼룩이 있다며 동물병원을 찾았다가 그게 아니라 목 뒤에 자리 잡은 뇌가 불편해서 개가 그 부분을 긁기 때문이라는 걸 알게 된다. 하지만 심각한 경우는 고통으로 비명을 지르고 바닥에서 온몸을 비틀며 엄청나게 괴로워한다.

약이 도움이 될 수 있고 수술이 가능한 경우도 있다. 하지만 증상이 심각한 개의 경우 대다수가 감당하기 어려운 통증 때문에 안락사로 생을 마감한다. 신경과 전문의들이 후두공이형성과 척수공동증의 발병률을 줄이기 위한 검사를 돕고 있는데 슬프게도 브리더들은 이를 무시한다. 당장은 병이 없다고 진단받은 개라도 검사하지 않고 번식시키면 새끼들도 같은 질병이 발생할 가능성이 높음을 기억해야 한다.

앞에서 설명한 여러 가지 이유로 소형견과 토이 품종에 문제가 많은데, 최근에는 정도가 심해져 티컵 강아지teacup dog까지 등장했다. 사람들은 가능한 한 작은 개를 만들어 내려고 한다. 작고 약한 개가 낳은 작고 약한 새끼로 번식하면서 점점 작은 개를 만든다. 왜소하게 태어났다는 것은 보통 선천적인 문제가 있다는 의미다. 그런데 이런 개들을 번식에 이용하는 것은 그야말로 멍청한 짓이다.

티컵 강아지는 심장 질환, 저혈당증, 기관허탈, 무릎 문제, 뼈 약화, 간문맥단락증, 발작, 호흡기 질병, 실명 등의 질병에 취약하다. 작기 때문에 추위에 대처하기도 어렵고 사고가 나면 심각하게 다치거나 죽을 위험도 높다. 특정한 종을 데려다가 인간의 욕망에 맞게 바꾸는 것은 받아들이기 어려운 일이고 문제투성이가 된다. 제발 티컵 강아지를 사거나 번식시키지 말자. 작은 크기의 동물을 좋아한다면 개 대신 래트나 기니피그를 입양하는 게 좋다. 물론 래트, 기니피그도 행복하게 잘 키우려면 더 많은 연구가 필요하다.

대형견의 짧은 수명은 당연하지 않다

티컵 강아지의 반대편에는 초대형견이 있다. '클수록 더 세게 넘어진다.'는 속담이 있는데 개 품종 문제에 적용하면 '클수록 더 어릴 때 죽는다.'로 바뀌어야 한다.

초대형 견종으로는 세인트버나드, 뉴펀들랜드, 마스티프, 아이리시울프하운드, 레온베르거, 초대형견의 전형인 그레이트데인이 있다. 동물병원에서는 이런 개들을 심장에 비해 몸이 너무 크다고 말하곤 한다. 실제로 초대형견과 대형견은 각종 건강 문제에 시달린다. 그중에는 심각한 수준의 심장 질환과 조기 사망이 있다.

1999년 수의학 학술지 《베터러네리 레코드*Veterinary Record*》에 실린 에이 알 미첼A. R. Michell의 논문 〈영국 품종견의 수명과 성별, 크기, 심혈관계 변인, 질병과의 관계〉를 보자. 이 연구에 따르면 버니즈마운틴도그, 불마스티프, 플랫코티드리트리버, 그레이트데인, 아이리시울프하운드, 로데시안리지백, 로트와일러, 세인트버나드의 절반은 9살이 되기 전에 죽었다. 그에 반해 잭러셀, 토이푸들, 휘핏, 일부 테리어 품종과 잡종견의 절반은 13살이 넘어서 죽었다. 소형견이 대형견보다 거의 1.5배는 더 사는 것이다. 특정 가문의 사람이 일반인보다 30년 정도 일찍 죽는 것과 같은 상황이다. 이들의 때 이른 죽음의 원인과 피할 방법이 궁금할 것이다.

초대형견이 일찍 죽는 경우가 워낙 많다 보니 사람들은 정상으로 받아들였다. 그래서 함께 살던 초대형견이 8살에 죽어도 전혀 놀라지 않았다. 오히려 더 오래 살면 놀라곤 한다. 하지만 극심하게 크거나 작은 개의 이른 죽음에 대해 의문을 가져야 하는 게 맞다. 현재 우리는 의학과 수의학이 비슷하게 발전하는 시대에 살고 있다. 그래서 기대수명도 사람과 동물이 비슷하게 늘고 있다. 실제로 잡종 고양이와 개의 경우는 그렇다. 내가 어렸을 적에 개의 평균 수명은 12살, 고양이는 13살이었다. 지금은 많은 개가 15~16살, 고양이는 18~20살까지 산다. 그런데 왜 대형견과 초대형견, 소형 품종견은 어릴 때 죽을까?

만약 내가 키우던 잡종견들이 7~8년은 고사하고 평균 수명보다 일찍 죽었다면 큰 충격에 빠졌을 것이다. 그러면서 초대형견이 일찍 죽는 것에 대해서 그러려니 하는 것은 불도그의 코골이를 정상이라고 생각하는 것과 같다. 조기 사망은 정상이 아니며 더는 정상으로 받아들여서도 안 된다.

레이첼은 그녀의 첫 반려견 그레이트데인 듀들리와 함께 병원을 찾아왔다. 듀들리는 생후 2개월 된 멋진 강아지로 레이첼은 듀들리를 끔찍이 아꼈다. 듀들리가 급속하게 자라는 품종인 그레이트데인이었기 때문에 우리는 영양 상태와 성장 속도에 대해 매우 세심하게 살폈다. 성장과 관절에 문제가 생기는 경향이 많아서 모든 부분이 제대로 발달하려면 상대적으로 천천히 성숙하는 게 좋기 때문이다. 마치 좋은 와인처럼 말이다.

듀들리는 보통의 강아지들이 겪는 몇 가지 문제가 있었지만 심각하지는 않았다. 성장 상태를 꼼꼼하게 파악하기 위해 정기적으로 병원을 찾다 보니 의료진들은 듀들리와 정이 많이 들었다. 하루는 운전 중에 병원에서 급한 전화가 왔다. 듀들리가 죽은 것 같다고 했다. 믿기 어려워 잘못 온 전화인 줄 알았다. 바로 차를 돌렸다. 레이첼이 휴가를 떠나면서 듀들리를 맡긴 친구 집으로 향했다. 정원 한쪽에 돌처럼 굳어 죽어 있는 듀들리가 있었다. 아주 아름답고 화창한 날이었다. 레이첼의 친구는 정원 근처를 거닐었고, 듀들리는 신나게 달리며 나비를 쫓다가 큰 나무 그늘에서 잠이 들었는데, 갑자기 떠나버린 것이다. 나는 엄청난 충격에 빠졌고, 듀들리에게 헌신적이었던 레이첼은 제정신이 아니었다. 듀들리는 매우 사랑스러운 개였다. 믿기 어려웠다. 듀들리는 급성 심장 질환으로 죽었다. 어쩌면 축복일 수도 있다. 태양 아래서 뛰놀다가 고통 없이 한순간에 떠났으니까. 많은 그레이트데인은 심장 질병이 생기고 보통 몇 달, 아니면 몇 년간 약물 치료로 버티면서 쇠약해진다. 적어도 듀들리는 그런 일을 겪지 않았다.

그레이트데인을 자주 진료하지는 않았는데도 4살 전에 심장 질환으로 사망한 경우를 두 번이나 보았다. 사람들이 이 신사적인 초대형견을 사랑한다는 것을 알지만 이제는 크기를 조금 줄일 때가 되었다. 그레이트데인을 세 마리째 키우는 남자를 만난 적이 있다. 그는 자신의 개들이 10살에서 12살까지 살았다고 자랑스럽게 말했다. 슬프게도 이 나이까지 사는 그레이트데인은 점점 줄고 있다. 남자는 새끼를 선택할 때 항상 가장 작은 개를 고른다고 했다. 현명한 선택을 한 것이다. 남편 마크의 보호자 중에도 그레이트데인 마니아가 있는데 그 역시 언제나 가장 작은 강아지를 선택하지만 계속 병원을 들락거리고 있다.

가장 일반적인 심장 질병은 확장성 심근증으로 심장이 급격히 커지고 심방과 심실 벽이 얇아지며 약해지는 병이다. 심장이 점차 풍선처럼 부풀어 올라 수축과 확장 기능이 심각하게 저하된다. 심장 질병의 끝은 결국 죽음이다.

한 연구에 따르면 그레이트데인의 35.5퍼센트가 확장성 심근증을 앓는다. 세인트버나드, 뉴펀들랜드도 같은 질병으로 고통을 받고, 도베르만의 유병률은 45~63퍼센트에 달한다. 아이리시울프하운드는 확장성 심근증에 걸릴 확률이 잡종견보다 38배나 높고, 나폴리탄마스티프의 경우는 40배나 높다. 충격적이다.

품종견, 품종묘의 기대수명은 갈수록 낮아지고 있다

로트와일러, 세터, 리트리버종, 하운드종 같은 초대형견이나 대형견이 유난히 많이 앓는 질환은 심장병 외에도 여러 가지가 있다. 성장 관련 질병인 고관절이형성증, 주관절이형성증, 박리성 골연골염이 특히 흔하다. 뼈암은 물론 다른 암에도 취약하다. 뼈암은 매우 공격적이며 고통스럽고 생존율이 낮은 경우가 많다.

앨리스라는 이름의 로트와일러를 진료한 적이 있다. 앨리스는 매우 멋졌고 참을성도 남달랐는데 7살 무렵 다리를 절어서 병원을 찾았다. 워낙 큰 개여서 그저 좀 무리해서 나타난 증상이기를 바랐다. 하지만 품종별 진단 검사를 해본 결과 잡종견이나 대부분의 소형견과는 여러 가지로 차이가 났다. 앨리스는 진통제에 거의 반응하지 않았고, 며칠 만에 다리가 급속히 부었다. 엑스레이와 추가 검사 결과 가장 걱정했던 암이었다. 고통이 너무 심해서 몇 주 만에 앨리스를 안락사로 보내야 했다. 또 다른 경우도 비극적이었다. 2005년에 만난 로트와일러 페트라는 두개골암이었다. 앨리스, 페트라와 보호자들은 이 품종을 극단적으로 선택교배 하지 않았다면 없었을 끔찍한 일을 겪고 말았다.

켄넬 클럽은 2004년과 2014년에 품종견의 건강을 평가하기 위해 조사

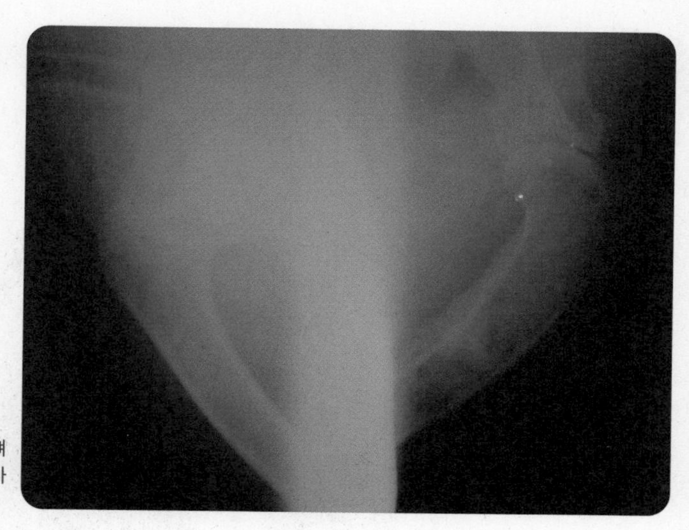

정상적인 왼쪽 뼈와 뼈 암이 있는 오른쪽 뼈가 확연히 비교된다.

를 실시했다. 각 품종의 연도별 조사 결과는 웹사이트에 올라와 있는데 꽤 흥미롭다. 조사에 따르면 모든 개의 전반적인 기대수명은 10년 만에 11년에서 10년으로 줄었다. 건강이 더 나빠졌다는 의미다. 켄넬 클럽은 2004년과 2014년의 조사 방식이 다르기 때문에 그대로 비교해서는 안 된다고 애써 설명한다. 2024년도 조사를 한다면 2014년의 표본 추출 방법을 사용할지 지켜보는 것도 좋을 것이다. 그래야 정말로 데이터를 비교해 볼 수 있을 테니 말이다.

2014년 조사에 따르면 초대형견은 실제 매우 어릴 때 사망하고 주요 원인은 뼈암과 그 밖의 암, 심장 질병 등이다. 아이리시울프하운드의 25퍼센트가 심장병으로, 12.5퍼센트가 뼈암으로 죽는다. 평균 수명은 겨우 6년 반으로 기니피그와 같은 수준이다. 그레이트데인의 평균 수명은 그보다 조금 긴 7년이지만 3분의 1이 심장병으로 죽는다. 로트와일러의 암 통계는 충격적이다. 거의 45퍼센트가 종양 때문에 죽는다. 암으로 고통받는 견종 1위는 가여운 플랫코티드리트리버로 무려 56퍼센트가 암에 걸려 죽는다. 품종협회로서는 이러한 기대수명과 질병 상황을 자랑스러워할 수 없을 것이다.

슬프게도 당나귀만 한 초대형견들은 오래 살지 못한다. © Adobe Stock

초대형견은 생명을 위협하는 응급 상황인 고창증에도 취약하다. 고창증의 정확한 명칭은 위확장염전증으로 이름처럼 지금까지도 다소 수수께끼 같은 병이다. 일부는 병이 개의 깊은 가슴과 관계된 것이라 추측하지만 증명된 바는 없다. 가장 많이 발병하는 품종이 세터, 그레이트데인, 울프하운드, 마스티프, 뉴펀들랜드인 것을 보면 가슴 부분에 공통점이 있기는 한 것 같다.

어떤 이유로든 이 품종들은 주로 식후에 위가 가스로 가득 차 부풀고 팽창한다. 토하려는 것처럼 보여도 아무것도 나오지 않는다. 이런 상황에서는 망설이지 말고 수의사에게 가야 한다. 증상을 보인 개 중 50퍼센트만 살아남는다. 몇 시간 내에 치료를 받지 못하면 많은 경우 위가 꼬이고, 쇼크와 패혈증으로 이어져 죽음에 이른다.

고양이도 개처럼 위가 부풀어 오르기 시작했다는 사실을 알아야 한다. 거대한 개와 고양이를 키우는 보호자들은 자신의 반려동물이 얼마나 크고 무거운지 자랑하고 싶어 한다. 가장 큰 동물을 소유했다는 명예훈장을 받은 것 같겠지만 동물에게는 아무 의미가 없다. 초대형 고양이인 메인쿤 역시 심장 질환과 관절 문제에 시달리는데 고관절이형성증이 가장 흔하다. 고관절이형성증은 특정 견종에서 자주 발생하지만 고양이는 거의 걸리지 않는다. 이 병은 매우 고통스러운 관절염을 유발하므로, 훌륭한 모험가이자 등산가인 고양이의 삶은 황폐해진다. 이는 개도 마찬가지다.

삶의 모든 것이 그렇듯 적당함이 관건이다. 중간 크기의 개, 고양이는 싫고, 눈에 띄게 크거나 작은 크기의 개, 고양이를 원한다면 지금까지 설명한 양 극단의 문제에 대해 다시 한 번 생각해 보기를 바란다. 내 선택이 이후 지불해야 할 치료비, 감정의 소모, 무엇보다 동물의 삶에 미칠 영향에 대해 생각해 보자. 나의 취향 때문에 품종 관련 유전병으로 고통받고 일찍 죽게 될 그들에 삶에 대해 말이다.

10

품종 동물의 유전병

'순수한 혈통'의 다른 말은 '근친상간'이다

수의사라는 내 직업이 좋은 이유 중 하나는 병원을 찾는 보호자들을 만나는 것이다. 그들은 내게 놀라움을 꾸준히 선사한다. 반려동물 진료는 짧고 굵게 이루어지기 때문에 자주 보거나 같은 곳에서 오래 근무하지 않는 이상 보호자를 잘 알긴 어렵다. 스코티시디어하운드를 데리고 온 보호자가 기억난다. 전에도 예방접종 때문에 몇 번 봤는데 이번에는 개의 눈에 부기와 통증이 있다며 병원을 찾았다. 치료 후 완치될 수 있도록 꼭 다시 오라고 이야기했다. 그는 응급실에서 근무하는 의사였고, 그를 상대하는 것은 즐거운 일이었다(의사와 수의사는 비슷한 좌절감을 겪는다고 생각한다).

며칠 후 다시 병원을 방문한 스코티시디어하운드는 눈이 완전히 정상으로 돌아왔다. 보호자는 자리를 뜨며 "이 개들은 새끼를 지나치게 많이 낳고 있어요. 눈이 눈구멍에 얼마나 깊게 들어가 있는지 한 번 보세요."라고 말했다. 나는 보호자가 먼저 말을 꺼내 줘서 고마웠다. 나도 품종에 대한 우려를 표했다. 이어진 보호자의 말은 내가 보호자들에게 받는 놀라움이다. "알죠. 우리가 이 개를 입양할 때 15대가 적힌 혈통서를 받았는데 젠장 이름이 다 똑같더라고요!" 나는 웃을 수밖에 없었다. 이 정도로 생각이 열린 사람은 드문데 서로 말이 통해서 기뻤다.

보호자는 사실을 인지했을 뿐 아니라 문제로 인식하고 있었다. 전에도 말했듯이 강아지나 새끼 고양이를 병원에 데리고 와서 혈통서를 자랑스럽게 보여 주는 보호자들이 많다. 어떤 사람들은 더 많은 조상이 표시된 긴 혈통서를 받기 위해 돈을 더 냈다고도 했다. 같은 이름이 여러 번 등장하는 경우가 많은데, 친족 관계에 있는 동물끼리 교배했기 때문이다. 계통번식이라는 말은 사람으로 치면 근친상간에 해당하는 일이다. 그런데 계통번식은 여전히 인기가 있다. 일부 브리더는 이 방식이 '순수한 혈통'을 보존하는 유일한 방법이라고 말한다.

결국 영국 켄넬 클럽은 계통번식을 금지했다. 부녀간이나 모자간 또는 형제자매 간의 교미로 태어난 강아지는 등록이 불가능하다고 선언했고, 예외적인 상황이거나 과학적으로 증명된 복지상의 이유가 있는 경우만 금지 대상에서 제외했다. 애완고양이관리협회 또한 '형제자매 간'이라는 단어를 사용해 계통번식에 대해 경고했다. 그렇다면 부모는 같지만 한 배 새끼가 아니고 간격을 두고 태어난 새끼들끼리는 교배해도 된다는 건가? 모르겠다. 조부모와 손주 간의 교배는 여전히 허용되고, 이모와 삼촌 또는 사촌과의 교배도 마찬가지다. 비도덕적인 느낌을 지울 수가 없다.

인간은 왜 잡종보다 품종을 사랑할까?

아름답고 강한 대자연은 야생에서 여러 방법으로 계통번식을 피한다. 첫째, 동물은 자연스럽게 흩어지거나 일정한 나이가 되면 새끼들을 독립시킨다. 그들의 자식들이 이리저리 돌아다니다 다른 무리를 만나는 덕분에 유전자 풀이 신선하고 다양하게 유지된다. 때로는 근처 무리끼리 신참을 받아들여서 새로운 유전형질을 더한다. 근친 간 교미로 태어난 개체는 건강하지 못하기 때문에 질병에 걸리거나 죽어서 이런 유전자는 대가 끊기고 건강한 개체만 남게 된다. 바로 이것이 적자생존의 열쇠다!

《콜린스 영어사전》에 따르면 품종pedigree이라는 단어는 프랑스 고어 'pie de grue'에서 유래했다. 이는 '두루미의 발'이라는 뜻으로 계통도 그림에서 뻗어나가는 가지를 뜻한다. 간단히 말하자면 가계도라는 뜻이다.

품종의 원래 뜻이 가계도라는 걸 알게 되자 왜 이 단어가 순수한 혈통을 의미하게 되었는지 궁금했다. 왜 품종이 잡종보다 더 가치 있다고 느끼는 걸까? 거기에는 몇 가지 이유가 있다.

첫째, 우리는 품종 동물을 사는 데 많은 돈을 지불한다. 이는 무의식적으로 동물의 가치에 영향을 준다. 당연히 200만 원짜리 품종견이 보호소 출신의 10만 원짜리 잡종견보다 더 '낫다'고 생각된다. 천만 원짜리 차보다 1억 원짜리 스포츠카가 더 좋은 것처럼 말이다. 이 비유는 보험에도 적용된다. 품종 동물은 잡종 동물보다 보험료가 더 비싸다. 일부 보호자는 이런 차이가 품종견의 가치나 능력을 상징한다고 여기는 것 같다. 사실은 품종 동물이 잡종 동물보다 병원 치료비가 많이 든다는 차이밖에 없는데 말이다. 집 한 채 값이 나가는 스포츠카의 부품 가격이 엄청나게 비싼 것과 마찬가지다.

둘째, '품종'이라는 단어가 종종 '순종purebred'이라는 뜻으로 쓰이기 때문이다. 순종이라는 단어는 흠이 없고 훼손되지 않은 혈통인 것처럼 느끼게 한다.

셋째, 수년간 관련 회사들이 페디그리 펫푸드Pedigree pet foods, 페디그리 에일즈Pedigree ales처럼 혈통이라는 단어를 사용해서 마케팅을 펼쳤기 때문이다. 이 단어는 최고라는 이미지를 연상시키지만 사실과 다르다. 품종은 가계도family tree라는 단어에서 유래했다. 현재 개, 고양이 품종의 대다수는 곰팡이 핀 과일로 뒤덮인 나무다.

품종 동물의 취약 질병이나 유전 질환은 700개가 넘는다

지금까지는 인간이 개와 고양이에게 강요한 외모 때문에 생긴 문제에 대해 이야기했다. 이런 문제를 다른 유전병과 구분해 보여 주고 싶었다. 그들의 외형이 야생 고양잇과와 갯과 동물의 모습에서 얼마나 벗어났는지 생각해 보길 바랐기 때문이다. 몸의 형태를 살펴보면 이러한 변형을 확인하고 이해하기가 쉬워진다. 신체적 특징이야말로 품종 동물들의 결정적 요소므로 외형 관련 문제 또한 유전된다. 이번 장에서는 동물의 외형과 함께 부지불식간에 우연히 선택된 그밖의 질병과 문제를 들여다볼 것이다.

슬프게도 품종견과 품종묘의 취약 질병이나 유전 질환은 700개가 넘는다. 취약하다는 말은 유전 방식이 정확하게 발견되지 않았음에도 불구하고 특정 품종에 특정 질병이 생길 가능성이 더 높다는 뜻이다. 수의사들은 이에 관해 잘 알고 있고 관련 자료도 많다. 말했듯이 자연에서는 이런 일이 일어나지 않는다. 자연에는 품종이라는 것이 존재하지 않기 때문이다. 백 년이 넘는 시간 동안 사람들은 품종 동물을 만드는 데 열광했고, 때때로 유전자 다양성이 줄어든 너무나 '순수한' 동물을 만들어 유전자 풀은 고여 있는 더러운 물웅덩이가 되었다. 수의학과 외과 수술의 발전으로 오히려 질병은 전례 없는 수준으로 계속되었다. 인간이 저지른 일이 용납될 수 없는 짓임을 깨닫고 만회해야 할 때가 지났다.

유전 질환의 목록은 매우 길고 복잡하다. 놀라운 건 우리가 이런 사실을 알고도 여기까지 왔다는 것이다. 수의학 전문가, 켄넬 클럽, 고양이애호가협회 모두 문제에 대해 알고 있다. 하지만 대중은 여전히 품종견, 품종묘가 최고라고 생각한다. 최근 가장 인기 있는 품종이 기형적 품종인 단두개종인 것을 보면 반려인 교육에 완전히 실패한 셈이다.

잡종인 개나 고양이가 병원에 오는 주요 이유는 예방접종을 하거나 발바닥 상처, 싸움으로 인한 부상, 근육 결림, 교통사고 부상을 치료하기 위해서다. 쓰레기통을 뒤지거나 쥐를 너무 많이 먹은 뒤 구토로 진료를 받는 경우도 많다. 품종 동물도 이런 일로 병원에 오지만 대부분은 품종 자체의 문제 때문에 치료를 받는다. 이런 일은 이제 멈춰야 한다. 나는 평생 수의사로 살기를 원했지만 품종 동물의 건강 문제 때문에 임상을 떠났다. 인간이 만든 문제를 해결하는 데 모든 시간을 써야 했다. 동물 환자들이 병원에 온 이유의 90퍼센트가 품종 때문이라고 적힌 업무일지를 보는 게 점점 싫어졌다. 우울했다. 문제가 나아지지 않고 갈수록 심각해져 지금 이 책을 쓰고 있다. 부디 이 상황이 바뀌길 진심으로 바란다.

이제 몇몇 질병과 최악의 사례를 소개할 것이다. 가장 화가 나는 이유는 유전병이 외형만을 위한 교배의 직접적인 결과로 발생한다는 점이다. 동물의 특정한 외모를 선택하려고 유전자 풀을 압축하면서 질병에 걸리고 약해졌다.

앞서 말했듯 이런 문제를 근절하기 위한 건강검진이 있지만 아직 충분하지 않고, 근본적으로 의무도 아니다. 더는 '정상 품종'이라는 말을 받아들이면 안 된다. 건강한 개체가 다수인 것이 정상 품종이다. 품종의 외형이 어떻게 나오든 품종 커뮤니티에서 적극적으로 대처해야 한다.

인간은 독자적으로는 생존이 불가능한 품종을 많이 만들어 냈다. 과장하는 것 같겠지만 대다수의 품종이 그런 상황이다. 수의학적 개입이 없다면 일부 품종견과 품종묘는 살아남지 못한다. 유전 질병과 품종 번식의 영향으로 병을 얻은 신체 시스템에 대해서 알아보겠지만 모든 품종을 다 살펴보지는 못할 것이다. 품종 동물의 질병에 관심이 있다면《개와 고양이 품종에 따른 질병 경향*Breed Predispositions to Disease in Dogs and Cats*》을 추천한다. 고흐Gough, 토머스Thomas, 오닐O'Neill이 집필했고 2017년에 개정판이 나왔다.

심장 질병

확장성 심근증의 90퍼센트는 품종견에서 발생한다

9장에서 언급했듯이 심장 질환은 초대형 품종의 일반적인 사망 원인으로 확장성 심근증이 대부분이다. 하지만 개와 고양이에게 영향을 주는 다른 심장병도 많다.《개와 고양이 품종에 따른 질병 경향》에 따르면 복서는 확장성 심근증을 포함해 6가지 심장 질환에 취약하다. 실제로 확장성 심근증의 90퍼센트는 품종견에서 발생한다.

심장 질환으로 가장 유명한 품종은 캐벌리어킹찰스스패니얼일 것이다. 이들을 완전히 저버린 것은 품종협회와 켄넬 클럽인데도 불구하고 켄넬 클럽은 이 품종이 자신들의 기대를 저버렸다고 생각할 수도 있다. 물론 이 품종을 위해 옳은 일을 하려고 애쓰는 훌륭한 사람이 많다는 것을 알지만 지금으로서는 극소수다.

캐벌리어 품종은 만나본 중에 가장 성품이 좋았다. 대학과 병원에서 보낸 25년 동안 성격이 고약한 녀석을 단 한 번도 보지 못했다. 이는 상당히 드문 경우다. 보통 어느 품종이든 한두 마리는 조금 으르렁거리거나 완전히 사납기 때문이다. 캐벌리어 품종은 이런 사랑스럽고 다정한 성격 때문에 그들이 걸리는 질병이 더욱 슬프게 느껴진다. 품종 관련 질병으로 끔찍한 피해를 입고 있고 엄청나게 괴로워하는 프렌치불도그와 퍼그의 경우도 비슷하다.

캐벌리어종은 승모판 질환MVD, mitral valve disease으로 고통받는다. 이 질병은 심장판막이 생애에 걸쳐 점진적으로 변형되어 심장잡음이 생긴다. 심장판막은 강하게 혈액을 막아야 심장이 혈액을 밀어낼 때 한 방향으로만 열릴 수 있다. 그런데 판막에 문제가 생기면 심장이 강하게 박동할 때 혈액이 역류한다. 이렇게 역류하는 소리가 심장잡음으로 들린다. 판막이 새면 심장의 효율은 낮아지고 심장이 내보내는 혈액의 양은 증가한다. 심장이 일을 더 많이 할수록 심장 전체에 변화가 생기고 결국 심부전으로 조기 사망한다. 캐벌리어종의 50퍼센트는 5~7살 사이에 심장잡음이 생기고, 10살에는 거의 100퍼센트가 심장잡음을 갖게 된다. 켄넬 클럽의 2014년도 건강 조사에 따르면 캐벌리어종의 38퍼센트가 심장 질환으로 죽었다. 이런 문제를 막기 위해 '캐벌리어는 특별하다Cavaliers Are Special'는 캠페인을 활발하게 펼치는 단체도 있다. 이들의 연구 보고서에는 6살짜리 캐벌리어종의 3분의 2 이상이 척수공동증(SM)을 앓고, 5~6살에는 절반이 승모판 질환에 걸린다는 증거가 충분하므로 7살이 되면 캐벌리어종의 절반 이상이 두 질병을 다 가질 가능성이 높다고 나와 있다.

다행히 현재는 거의 모든 질병을 치료하는 약이 생산되는 시대다. 그러나 심장에 쓰는 약은 대부분 상태를 전으로 되돌리거나 완전히 낫게 하지 못한다. 삶을 연장하고 증상을 완화시킬 뿐이다. 약이 큰 효과를 내기도 하지만 의학과 의술의 발전이 심각한 질병을 가진 품종견을 만드는 일을 용납하는 이유가 되어서는 안 된다. 고칠 수 있다고 그것을 정상으로 인정해야 하는 것은 아니다.

심장병으로 일찍 죽는다는 걸 알면서도 그 품종을 선택하는 이유

6살짜리 캐벌리어킹찰스스패니얼을 검진하면서 보호자에게 "심장잡음이 있다는 걸 아셨나요?"라고 물으니 "네, 그 동안 기른 다섯 마리도 심부전으로 죽었어요. 참 문제예요, 그렇죠?"라는 답변을 듣곤 한다. 이는 비정상을 정상으로 여기는 전형적인 예다. 수의사로서 이럴 때 얼마나 절망하는지 상상이 갈 것이다. 먼저 키운 반려동물이 모두 아팠거나 일찍 죽었는데도 반복해서 같은 품종을 사는 사람들을 보면서 받는 충격은 크다.

사람들이 계속해서 같은 품종을 사는 이유는 개가 사랑스럽고, 많은 사람이 특정 품종에 애착을 느끼며, 캐벌리어종이 심장병으로 죽는다는 것을 알면서도 그것이 정상이라고 보기 때문이다. 최근 영국에서는 캐벌리어종의 기대수명이 감소했다. 하지만 심장 검사 의무화와 치료 계획을 도입한 덴마크에서는 승모판 질환의 발병률이 무려 71퍼센트나 줄었다.

고양이는 어떨까? 고양이가 확장성 심근증을 앓는 경우는 거의 보지 못했지만 슬프게도 그들 역시 심장 질환을 피하지는 못한다. 고양이는 비대성 심근증HCM에 걸리는 경향이 있다. 개는 심실벽이 얇아져 늘어지지만 고양이는 심실벽이 매우 두껍고 딱딱해져 심실이 수용할 수 있는 혈액의 양이 심각하게 줄어든다. 하지만 어떻든 심부전과 사망이라는 최종 결과는 같다. 브리티시쇼트헤어, 메인쿤, 노르웨이숲고양이, 페르시안, 랙돌, 스핑크스가 비대성 심근증을 앓는 대표적인 품종이다. 랙돌과 스핑크스의 발병률은 약 20퍼센트다.

수년간 직간접적으로 만난 많은 브리더 중 올바른 생각을 하는 사람이 있었다. 그녀는 브리티시쇼트헤어의 브리더인데 하루는 병원으로 급하게 연락을 해왔다. 고양이 한 마리가 울타리 안에서 죽은 채 발견되어 제정신이 아닌 상태였다. 고양이는 심장병으로 사망했다. 그녀는 즉시 번식을 멈추고 모든 고양이를 검사했다. 그리고 병을 가진 고양이들이 낳은 새끼를 데려간 모든 사람에게 연락했다. 동물을 번식시켜 돈을 버는 사람이라면 당연히 취해야 할 조치지만 슬프게도 현실에는 이런 브리더가 거의 없다.

피부병

피부에 관해서는 앞에서 이미 많은 이야기를 했지만 다시 한 번 상기시키고 싶다. 피부 주름, 아토피, 알레르기와 같은 피부 질환은 특정 품종에서 훨씬 많이 나타난다. 보통 어린 나이에 발병해서 개와 보호자 모두 평생 고통받는다.

다양한 성격을 가진 웨스티는 작고 인기가 많은데 내가 임상을 하는 12년 동안 본 거의 모든 웨스티가 피부병을 앓았다. 앞서 언급한 '아르마딜로 웨스티'라는 무서운 단어를 기억할 것이다. 상태가 최악인 개들은 수년간의 만성 외상으로 피부가 두껍고 검게 주름져 있었다. 피부병에 취약한 품종은 래브라도리트리버, 골든리트리버, 달마티안, 뉴펀들랜드, 저먼셰퍼드, 세터, 일부 테리어종, 복서, 불도그다.

신장과 방광 문제

전 세계 고양이의 약 40퍼센트가 다낭성 신장병을 겪는다

많은 품종 개와 고양이는 방광에 미세결정이나 결석이 생긴다. 결석은 종류가 상당히 많고, 생기는 이유도 다양하고 복잡하다. 결석으로 고생하는 대표적인 품종은 잘 알려진 달마티안이다. 달마티안은 대사 결함을 가지고 있는데 단백질 대사가 정상적인 방식으로 이루어지지 않는다. 이로 인해 소변에 요산(포유류의 소변에 들어 있는 유기산)이 많고, 그 결과 요산결석이 생긴다. 방광결석은 골칫거리 정도지만 폐색과 신부전을 일으키면 치명적이다. 요산결석에 취약한 품종으로는 개는 불도그와 요크셔테리어, 고양이는 벵갈, 버만, 랙돌, 오시캣, 샴, 스핑크스, 이집션마우 등이다.

그래서 어떤 사람들은 달마티안을 포인터와 교배한 뒤 다시 달마티안과 교배한다. 몇 세대가 지나면 순수한 달마티안과 포인터 유전자를 가진 달마티안을 구별하기 어렵지만 포인터 유전자를 가진 상태가 된다. 이런 경우 요산 문제가 현저히 낮아진다. 쉬운 해결책이 아닌가!

결석을 만드는 또 다른 유전 결함은 시스틴(cystine, 단백질을 구성하는 아미노산의 하나)으로 잉글리시불도그, 스태퍼드셔불테리어, 뉴펀들랜드, 마스티프, 닥스훈트에서 흔히 나타난다. 모든 수컷에서 발생하고, 중성화수술로 막을 수 있다. 나는 지난 몇 년간 의학과 영양 관리에 대해 조언하면서 결석을 의학적으로 또는 영양학적으로 관리하는 법에 대해 알렸다. 결석을 예방하기 위해 중성화수술을 추천했는데(대부분 불도그였다) 보호자들이 문제가 있는 불도그임을 알면서도 새끼를 보겠다며 거부했다는 수의사의 이야기를 듣는 일은 흔하다. 이미 알레르기성 피부병 때문에 처방식을 먹고 있는 개인데도 말이다.

가장 다루기 어려운 결석은 칼슘옥살레이트다. 다른 방광결석과 달리 이 결석은 의학적 또는 식이적 관리로 녹지 않는다. 칼슘옥살레이트 결석은 증상이 거의 없고, 신장 내에서 결석을 만드는 경향이 있어 더 문제가 된다. 개는 테리어종, 미니어처슈나우저, 라사압소, 시추 같은 소형 견종에서 흔하게 발생하고, 고양이는 페르시안, 샴, 브리티시쇼트헤어, 이그조틱쇼트헤어, 데본렉스, 버미즈, 스코티시폴드 같은 품종에서 자주 발생한다.

때로 칼슘옥살레이트 결석은 신장 질환과 밀접하게 연관되어 생기며, 나이 많은 페르시안고양이에게도 생긴다. 다낭성 신장병PKD, polycystic kidney disease은 고양이의 일반적인 유전 질환으로 아주 어린 나이에 죽기도 한다. 이 질환은 이름처럼 신장에 낭포가 생겨 커지면서 정상적인 신장세포가 점차 파괴된다. 신장세포는 뇌세포처럼 교체되지 않아서 장기가 한 번 망가지면 돌이키지 못한다. 페르시안과 관련된 몇몇 품종은 유전자 변이가 같다. 가장 영향을 받은 품종은 브리티시, 이그조틱쇼트헤어, 히말라얀종이다.

치료법은 없다. 다행히 요즘에는 망가지기 시작한 신장을 보조하는 약과 처방식이 있지만 최종적으로 기다리는 건 죽음이다. 약으로 할 수 있는 일은 증세를 완화하고 고통을 줄이는 것뿐이다. 이 질병은 얼마나 많은 고양이에게 발생할까? 전 세계 고양이의 약 40퍼센트가 이 문제를 겪고 있다. 놀랄 만한 수치다. 이 병을 유발하는 원인 유전자가 우성이기 때문에 부모 중 한쪽만 이 유전자를 가지고 있어도 새끼의 반이 해당 유전자를 물려받을 뿐 아니라 질병도 갖게 된다. 이처럼 신장 질환은 유전을 통해 빠르게 널리 퍼진다.

신장 질환을 예방하는 방법이 있지만 브리더들은 반대다

지금은 이런 질병을 찾아낼 방법이 있다. 생후 10개월 이후에 초음파 검사로 낭포를 찾아낼 수 있다. 또한 다낭성 신장병을 정확하게 잡아내는 유전자 검사도 매우 정확하다. 이는 엄청난 뉴스다. 브리더가 병에 걸린 고양이를 일찌감치 알아내 번식에서 완전히 제외할 수 있기 때문이다. 유전임이 밝혀진 질병을 뿌리 뽑는 가장 확실한 방법이다. 2007년에 품종 동물의 건강에 관한 첫 책을 쓸 당시만 해도 애완고양이관리협회는 브리더에게 고양이의 건강검진을 독려하기만 했는데 다행스럽게도 2016년부터 등록된 페르시안고양이의 다낭성 신장병 검사를 의무화했다. 올바른 길을 향한 큰 한걸음이다.

동료 수의사가 페르시안 브리더에게 다낭성 신장병에 대해 이야기했더니 그 브리더는 매우 걱정하면서 가능하다면 당장이라도 검사를 받고 싶어 했다. 그런데 잠재적으로 50퍼센트의 고양이는 유전자를 갖고 있어서 번식을 하지 않아야 된다는 것을 알게 되자 마음을 바꿔 검사를 하지 않았다. 이는 질병 발병률과 관계없이 흔히 일어나는 일이다. 고양이의 외모와 캣쇼에서 좋은 점수를 받는 것이 그들의 건강보다 중요할 때가 많다. 이런 경우는 너무나 비일비재하고 잘못된 일이다. 관리 기관이 검사를 의무화하는 것이 곧 동물의 건강과 복지로 이어지는 길이다. 부디 이런 일들이 계속되기를 바란다.

브리더들은 유전자의 영향을 받은 고양이를 브리딩에서 제외하면 향후 이 질병이 줄어들지 의문을 가진다. 질병을 가진 고양이를 번식에서 제외하면 유전자 풀이 더 줄어든다는 것이다. 당연한 의문이다. 하지만 페르시안고양이와 다낭성 신장병의 관계는 정말 우려되는 부분이다. 질병을 없애려면 번식용 고양이의 절반을 제외해야 하므로 유전자 다양성이 더 줄어들어 다른 질병이 생길 수도 있다. 정답은 모르지만 특정 품종이 잠재적으로 치명적인 수준의 유전병을 가지고 있다면 그 품종을 유지하는 게 맞는지 고민해 봐야 한다

합리적인 해결책은 이계교배다. 달마티안의 요산 문제를 해결하기 위해 했던 것이 바로 이계교배다. 그런데 많은 브리더가 이 생각에 충격을 받는다. 이계교배란 근친교배의 반대로 다른 품종을 번식에 수차례 참여시켜 기존 품종의 유전형질을 희석하고 유전병의 발생 빈도를 줄이는 방

법이기 때문이다. 브리더들은 혈통의 순수성을 더럽힌다고 생각해 싫어한다. 하지만 유전 질환을 없애려면 이 방법이 유일한 해결책이다. 유전자 풀이 고여서 진흙탕으로 변하고 있으니 신선한 물이 절실한 상황이다.

고양이와 마찬가지로 신장 질환이 자주 발생하는 견종이 있다. 복서, 도베르만, 캐벌리어킹찰스스패니얼, 코커스패니얼, 잉글리시불테리어, 도그드보르도는 신장병에 취약하고 이로 인해 조기 사망한다.

관절 질환과 골격 문제

일하는 셰퍼드와 쇼에 출전하는 셰퍼드는 같은 품종일까?

이미 여러 번 말했듯이 몇몇 품종에게는 만연한 골격 문제가 있다. 닥스훈트나 먼치킨 고양이에서 보이는 휘거나 짧은 다리는 몸 형태 때문인데 다른 문제는 설명하기도 어렵다. 대표적인 질병은 고관절이형성증, 주관절이형성증, 박리성 골연골염OCD이다. 래브라도리트리버, 저먼셰퍼드와 같은 품종에 많다. 같은 품종이라도 쇼라인(도그쇼, 캣쇼에 나가는 개_옮긴이 주)과 워킹라인(경찰견처럼 일을 하는 사역견_옮긴이 주)의 차이는 어마어마하다.

2017년 크러프츠 도그쇼(Crufts dog show, 영국 런던에서 열리는 세계적인 개 전람회로 1891년에 처음 시작되었다_옮긴이 주) 결승전에 앞서 경찰견 훈련팀이 등장했다. 역시나 멋졌다. 그런데 경찰견 셰퍼드와 쇼에 출전한 셰퍼드의 외형과 움직임에 충격적인 차이가 있었다. 경찰견의 엉덩이는 경주마나 야생 개처럼 높았는데 쇼용 셰퍼드의 엉덩이는 비스듬하게 아래로 기울어져 있었다. 또한 쇼에 나온 래브라도리트리버는 몸이 땅딸막해서 탄탄하고 다리가 긴 사역견과 같은 품종이라고 생각하기 힘들 정도였다.

사역견은 해야 할 일이 정해진 개기 때문에 관절에 문제가 있는 개는 번식시키지 않는 편이다. 따라서 사역견 혈통의 개를 입양한다면 품종이 갖는 많은 문제를 피할 수 있다. 물론 아닐 수도 있으니 사전에 물어봐야 한다. 또한 사역견은 에너지가 넘쳐서 지속적인 자극와 운동량을 채워 주어야 한다는 것을 기억해야 한다.

골격이 극적으로 변한 또 다른 품종은 잉글리시불테리어다(아래 사진).

1900년대 불테리어의 머리는 갯과 동물의 자연스러운 모습이었다. © public domain

원래의 모습과 많이 다른 현재의 잉글리시불테리어의 얼굴. 로마 코로 유명하다. © Adobe Stock

이 품종은 많은 이들에게 '로마 코(Roman nose, 콧대가 크고 끝이 구부러진 매부리코)'로 유명하다. 견종 표준서에 따르면 앞에서 봤을 때 머리와 두개골이 달걀형이어야 하고, 표면은 꺼진 부분이나 들어간 자국 없이 평평하게 메워져 있어야 한다. 또한 옆모습은 두개골 꼭대기부터 코끝까지 부드럽게 굴곡져 내려가야 하고, 코는 검은색에 끝부분이 아래로 굽어 있어야 한다.

이런 형태는 얼굴 구조가 자연스러운 갯과 동물의 모습과는 극도로 다를 뿐 아니라, 언제나 그렇듯 신체의 다른 곳에도 영향을 미친다. 코끝까지 곡선으로 된 아래쪽을 향한 코는 턱뼈의 각도를 바꾸었고, 이로 인해 아래턱의 송곳니가 올바른 방향으로 나지 못하는 경우가 많다. 원래는 위턱의 이빨과 맞물려야 하는데 틈을 찾지 못해 윗니의 안쪽으로 들어가게 되면서 결국 경구개에 영구적인 영향을 준다. 이런 두개골 모양의 불테리어만 선택해서 번식시켜 부정교합이 유발되었다.

부정교합을 가진 개는 이빨이 자라는 중일 때 치과 전문의를 찾아 치

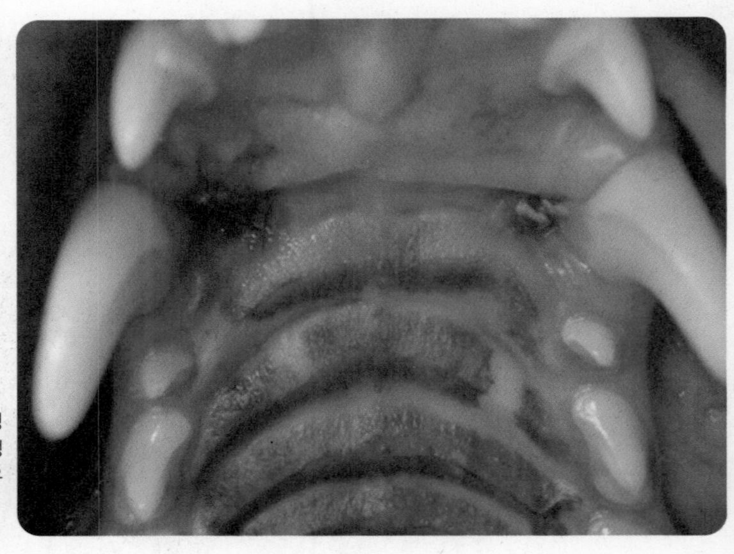

아래 송곳니가 경구개를 뚫어서 생긴 구멍. 이런 경우 매우 고통스럽다.
© Jens Ruhnau

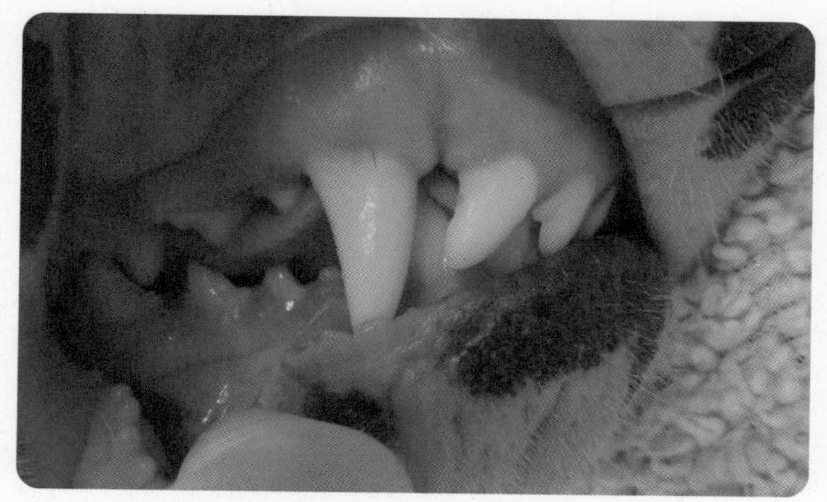

턱의 각도가 맞지 않아 아래 송곳니가 입 안으로 들어가서 보이지 않는다. © Jens Ruhnau

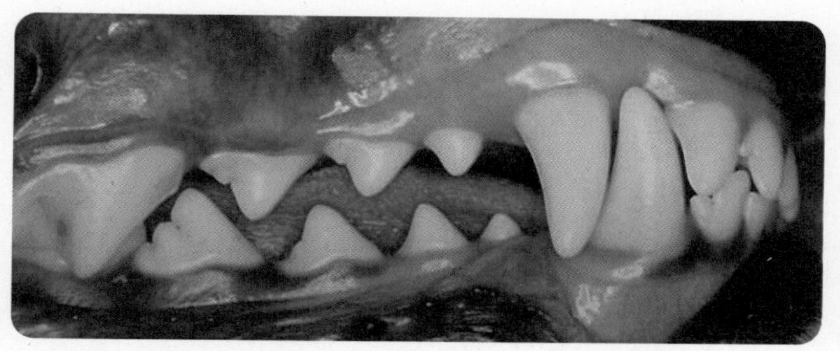

개의 정상적인 입 모양. © Dr. Fraser Hale

아 위치를 교정해야 한다. 너무 늦으면 136쪽과 137쪽 사진과 같은 증상으로 고통에 시달리고 차후에 송곳니를 발치해야 한다. 불테리어 또한 다른 품종과 마찬가지로 원래 이렇게 생기지 않았는데 불과 십 년 사이에 현저하게 변했다.

꼬리 없는 맹크스고양이의 비극

인간은 일부러 특정 품종의 골격 기형을 선택해 왔다. 맹크스고양이와 로데시안리지백이 대표적이다.

맹크스고양이는 꼬리가 없는 것으로 유명하다. 뭉툭하고 꼬리가 짧은 경우도 있지만 대부분 꼬리가 전혀 없다. 고양이는 꼬리를 이용해 균형을 유지하고 의사소통을 한다. 그러니 꼬리가 없는 고양이를 번식시키는 것은 전적으로 비윤리적이다. 그런데 꼬리가 없는 것이 맹크스고양이 번식의 가장 큰 윤리 문제가 아니다. 꼬리가 짧거나 없는 이유는 척추 결함 때문인데 이는 척추갈림증(spina bifida, 척주의 특정 뼈가 불완전하게 닫혀 척수의 일부분이 외부에 노출되는 질병)을 유발한다. 이 병은 우성 유전병으로 많은 새끼 고양이가 자라지 못하고 자궁에서 죽는다. 살아남은 새끼 고양이들은 걸음걸이 이상부터 대변과 소변 실금, 관절염, 마비까지 다양한 척추 문제를 갖는다.

움직임과 의사소통을 위한 꼬리가 없는 문제를 떠나서 척추갈림증을 일부러 유발하는 번식은 도덕적, 윤리적으로 용납될 수 없다.

개의 품종인 로데시안리지백은 이름에서 알 수 있듯 등에 능선ridge처럼 보이는 털이 개성이다. 능선처럼 보이려면 등 부분의 털이 척추를 따라 반대 방향으로 자라야 한다. 실제로 견종 표준서는 능선과 함께 다음과 같은 구체적인 것들을 규정하고 있다.

> 독특한 특징은 등에 있는 능선으로, 다른 털과 반대 방향으로 자라는 털로 형성된다. 능선은 윤곽이 분명하고 끝이 뾰족하며 대칭이고, 어깨 바로 뒤에서 시작해 둔부까지 이어진다. 똑같이 생긴 두 개의 왕관 모양이 양쪽에 있고 왕관의 아래쪽은 전체 길이의 3분의 1보다 더 아래로 뻗어 나가지 않는다.

쉽게 말하면 능선 모양이 잘못되면 안 된다는 말이다!

과거에는, 그리고 지금도 여전히 몇몇 나라에서는 능선 없이 태어난

로데시안리지백 새끼를 바로 죽인다. 앞서 언급한 BBC 다큐멘터리 〈품종견을 폭로하다〉가 방영된 이후 영국에서는 겉모습을 이유로 동물을 죽이는 행위를 법으로 금지했다. 하지만 다른 곳에서는 여전히 이런 일이 일어난다.

능선을 유발하는 유전자는 피부동dermoid sinus과 관련이 있다. 피부동은 좁고 속이 빈 관으로, 피부 표면에서 조직 아래쪽까지 다양한 깊이로 이어진다. 이로 인해 피부 깊은 곳에 감염이 발생할 수 있는데, 어떤 관은 척수까지 이어져 심각한 척수 감염, 영구적인 문제를 일으키고 심지어는 사망에 이르게 한다. 능선 유전자는 우성이기 때문에 능선이 없는 개에게는 이런 문제가 없다. 반대로 능선 유전자가 두 개인 새끼의 상태는 매우 위험하다. 스웨덴의 한 연구는 리지백의 약 8~10퍼센트가 이런 문제를 겪는다고 밝혔다. 일부 피부동은 수술로 제거가 가능한데도 불구하고 피부동을 갖고 태어난 새끼를 죽이는 일이 비일비재하다.

견종 표준서와 달리 품종 동물의 건강 정보를 소개하는 동물복지를위한대학연합UFAW, Universities Federation for Animal Welfare 웹사이트에는 이렇게 적혀 있다.

> 이런 문제는 능선이 없는 개만 번식하면 없앨 수 있다(현재 복지를 고려하지 않는 견종 표준서는 능선이 있어야 한다고 쓰고 있다). 능선이 없는 개체군의 유전자 풀이 다른 유전적 영향을 약화시킬 만큼 충분히 큰지는 알려지지 않았으므로 이 문제를 멈추기 위해 다른 품종과 교배시킬 필요도 있다. 리지백을 계속해서 번식하는 것은 명백히 비정상을 늘리고 잠재적으로 생명을 위협하는 일이다.

위장 문제

앞서 초대형견에 대해 다룬 장에서 언급했듯 대형 품종은 위확장염전증을 일으킬 가능성이 높지만 그밖에도 많은 품종이 위장 문제에 취약하다.

최근 염증성 장질환inflammatory bowel disease에 시달리는 개가 늘고 있다. 원인이 밝혀지는 경우도 있지만 많은 경우 보조적, 식이적 관리를 할 뿐이다. 저먼셰퍼드, 로트와일러, 와이마라너, 요크셔테리어, 보더콜리가 이 병을 앓는 대표적인 품종이다. 염증성 장질환은 단백질 손실을 야기한다. 여동생이 키우던 로트와일러 잡종 로니도 이 난치병으로 어린 나이에 죽었다.

췌장기능부전EPI 케이스의 60퍼센트는 저먼셰퍼드가 차지한다. 췌장기능부전은 쉽게 말하면 음식을 적절히 소화하지 못한다는 뜻이다. 대개 게걸스럽게 먹는데도 마르고 기름기 있는 변을 본다. 양질의 밥과 췌장 효소 보조제를 먹으면 금방 좋아지는 경우가 많다.

췌장염에 걸리는 개도 늘고 있다. 췌장염은 췌장에 심한 염증이 생기는 병으로 치명적인 경우 사망으로 이어지기도 하므로 심각하다. 보통 기름진 먹이가 원인이지만 일부 품종은 다른 품종보다 훨씬 더 민감하다. 코커스패니얼, 미니어처슈나우저와 몇몇 테리어종에서 가장 흔하게 발생한다. 일부 처방식은 지방 함량이 높기 때문에 특정 품종에게 매우 위험할 수 있다. 수의사 상담 없이 온라인으로 처방식을 사면 안 되는 이유다.

계속 늘어나는 질병 목록

여기서 언급되는 질병은 유전병의 극히 일부므로 반드시 자료를 찾아봐야 한다. 품종견과 품종묘에게 취약한 질병은 알려진 것만 700개가 넘고 더 있을 가능성도 있다. 어떤 병은 매우 희귀하고 어떤 병은 특정 품종에서 만연한다. 어떤 질병은 거대한 복지 문제를 야기하는 경우도 있지만 어떤 질병은 그저 일시적으로 학계의 관심만 받기도 한다. 앞서 추천한 책《개와 고양이 품종에 따른 질병 경향》이나 동물복지를위한대학연합UFAW의 웹사이트에서 더 많은 정보를 찾을 수 있다. dogbreedhealth.com도 최신의 종합적인 정보를 제공한다.

반려동물을 입양하기 전에 수의사의 조언을 구하는 사람은 드물다. 최근의 발표된 연구 자료에 따르면 사람들이 강아지를 고르는 데 걸리는 시간이 신발을 고를 때보다 짧았다. 왜 많은 사람이 질병을 가진 동물을 충동구매 하고 망연자실하는지 모르겠다. 제발 이 책을 읽는 독자가 그들 중 한 명이 되지 않았으면 좋겠다.

동물복지를위한대학연합은 켄넬 클럽의 견종 표준서에 대해 이렇게 지적한다.

"견종 표준서는 동물의 복지가 아닌 겉모습에 따른 기준이다."

11

만들어진 잡종(디자이너 도그, 하이브리드)과 그냥 잡종 개, 잡종 고양이

만들어진 잡종, 디자이너 도그, 하이브리드의 등장

지금껏 기억에 가장 남는 상담은 한 강아지의 첫 예방접종이다. 그 병원은 수의사와 간호사가 시간을 나누어 강아지를 상담했다. 내가 앞 환자를 진료하는 동안 간호사 자넷은 구충제 같은 예방약이나 보험, 식단 등 예방의학에 관해 상담했다. 내가 앞 환자의 차트를 기록하고 있는데 자넷이 씁쓸한 미소를 지으며 나타났다. 무슨 일인지 짐작이 안 가 의심스러운 목소리로 왜 그런지 묻긴 했지만 품종 동물의 건강 문제인 것 같았다. 자넷은 눈썹을 들어올리며 웃었다.

"아무것도 아니에요, 그냥 들어오시길 기다릴게요."

무슨 일일지 궁금해서 컴퓨터 화면을 열어서 강아지의 품종을 확인했더니 그저 '잡종'이라고만 되어 있었다. 상담실로 들어가자 탁자 위에 작은 검정색 보따리가 눈에 띄었다. 보호자는 심각한 얼굴로 예전에 복서를 키웠는데 심각한 피부 문제로 평생 고생하는 끔찍한 일을 겪어서 건강하다는 잡종을 키우기로 했다는 것이었다. 그런데 그렇게 입양한 개가 샤페이와 바셋하운드의 잡종이었다. 왜 하필 이 두 품종을!

지금까지 이 책을 통해 품종 동물에 대해 많은 사실을 알게 되었다면 분명 한 가지 사실을 깨달았을 것이다. 피부 문제에 극히 취약한 품종 둘을 교배하면 그야말로 최악의 조합이라는 것을! 그나마 그 강아지는 샤페이보다 주름이 덜했고, 바셋보다 균형 잡힌 몸과 다리를 가지고 있었다. 운이 좋았다.

최근 잡종 동물의 종류가 다양해지고 있다. 내가 어렸을 때 우리 가족은 개를 입양하기 위해 왕립동물학대방지협회RSPCA, Royal Society for the Prevention of Cruelty to Animals에 연락해서 유기견 중 생후 6개월 된 잡종견 페니를 입양했다. 당시 나는 11살이었고 페니는 16년 동안 나의 충직하고 건강한 반려견이 되어 주었다. 당시에는 품종견과 '하인즈 57스Heinz57s'라 불리는 개들이 있었다. 하인즈 57스는 도대체 어떤 품종이 섞였는지 모르겠는, 진정한 잡종견을 뜻한다(하인즈 57스는 케첩 회사 하인즈의 광고 슬로건으로 다양하다는 의미를 갖는다_옮긴이 주). 그들은 아름답고, 개성이 넘치고, 독특하며, 대체로 원기 왕성하다.

이제 겨우 사람들이 품종의 문제가 무엇인지 알게 되었는데 최근에는 더 헷갈리게 되었다. 비교적 최근에 만들어진 잡종인 디자이너 도그, 하이브리드 품종이 등장했기 때문이다.

브리더의 기준은 외모, 기질, 건강순이었다

앞서 말했듯이 품종이라는 단어는 위엄 있고 고귀한 혈통의 이미지를 상기시킨다. 반대로 잡종은 정확히 그 반대로 여겨지곤 한다. 그 이유에 대해 오랫동안 생각해 봤다. 특정 품종의 개나 고양이를 원하게 되는 이유는 뭘까? 아마도 그들의 외형적 특징이 매력적으로 느껴지거나 생활방식에 맞아서 또는 친구들 앞에서 자랑할 만하기 때문일 것이다. 하지만 그건 자신이 원하는 것을 자신이 잘 안다고 믿는 근거 없는 믿음 때문이기도 하다.

켄넬 클럽과 경찰견에 관한 회의를 할 때 브리더가 말한 개의 우선 순위는 1번이 외모, 2번이 기질, 3번이 건강이었다. 할 말을 잃었다. 잘못 들었다고 생각했을 정도다.

건강보다 외형을 중시한다는 말을 공개적으로 하는 게 충격이라고 말하자 브리더는 이렇게 대답했다. "우리는 개들이 돌아다니며 사람을 무는 걸 원치 않아요." 근거가 빈약한 주장을 펼치는 사람들은 방어에 실패하면 관심을 돌리기 위해 다른 이야기를 한다. 물론 반려동물의 기질은 건강만큼 중요하다. 하지만 기질이나 건강보다 외형을 우선시해서는 안 된다.

사람들은 품종 동물을 선택하면 기질과 행동을 예측할 수 있다고 생각한다. 물론 특정 성격을 가진 부모견을 교배하기 때문에 어느 정도는 사실이다. 하지만 곤란한 점이 두 가지 있다. 첫째, 특정 기질을 가진 개끼리 교배시키면 새끼의 기질을 예측할 수 있을 거라는 가정은 위험하다. 둘째, 왜 잡종이 품종보다 기질이 더 나쁘다고 생각하는가?

첫 번째 문제인 가정의 위험성을 살펴보자. 어느 정도 경력이 있는 수

인간의 삶을 빛내 주는 아름다운 잡종 개와 잡종 고양이.

의사라면 한번쯤 동물에게 공격당한 경험이 있을 것이다. 거의 모든 수의사가 특정 품종을 경계한다. 내 경우는 잭러셀을 비롯한 테리어종, 보더콜리, 저먼셰퍼드, 마스티프다. 기질에 따라 품종을 나누려는 건 아니고, 그저 이 품종이 가장 나를 많이 물려고 했다. 이는 개인적인 경험이다. 래브라도와 리트리버에게 심하게 공격을 받은 적도 있다. 이런 개들은 사람들이 사랑스러운 성품이라고 여기기 때문에 더 위험하다.

그 누구도 개가 100퍼센트 안전하거나 위험하다고 가정해서는 안 된다. 이는 무수한 요소에 따라 달라진다. 늘 그렇듯 위험은 무언가를 추정할 때 찾아온다. 예를 들면 모든 래브라도를 완벽한 반려견이라 믿고 아이들이 개에게 무엇이든 하도록 두는 것이다. 그래서는 안 된다. 동물은 쉴 공간과 존중을 필요로 한다. 소셜 미디어에는 아이들이 개를 껴안고, 꽉 붙잡고, 끌고, 타는 영상이 돌아다닌다. 수의사나 행동학 전문가라면 누구든 이를 보고 우려한다. 사고가 기다리고 있음을 알기 때문이다.

프렌치불도그나 캐벌리어의 성격이 좋아서 키우고 싶다는 말을 들을 때마다 마음이 아프다. 지구상의 거의 모든 개가 성격이 좋고, 그게 우리가 개를 좋아하는 이유다! 우리는 그저 알맞은 강아지와 고양이를 선택해서 그들이 첫걸음을 잘 내딛도록 돕기만 하면 된다. 어떤 개들의 기질은 만성 통증과 질병에 크게 영향을 받는다. 그러므로 질병이 덜한 품종을 선택하면 행복하고 품성이 좋은 동물을 만날 가능성이 높아진다. 국내외에서 공장처럼 새끼 개를 생산해 내는 강아지 공장을 금지하면 사회성 좋고 잘 길들여진 개를 키울 확률이 높아질 것이다.

두 번째 문제인 사람들은 왜 잡종이 품종보다 기질이 더 나쁘다고 생각할까? 나는 병원에서 일하면서 특정 품종을 두려워했지만 잡종견을 무서워한 적은 없다. 왜 우리는 잡종견이 품종견보다 예측 불가능하고 하등하다고 추정할까? 이는 퇴보고 우리가 고민해 봐야 할 심리적 부조화다. 거의 인종차별처럼 느껴진다. 인정하기 싫은 인간 본성의 또 다른 측면이다. 말했듯이 기질은 많은 요소에 따라 달라진다. 이는 뒤에서 더 자세히 이야기할 것이다. 우선은 기질에 대한 편견을 없애는 것이 중요하다.

잡종 동물은 진정한 잡종 강세의 승자다

아무래도 사람들은 잡종은 소작농, 품종은 귀족 정도로 보는 것 같다. 하지만 진정한 잡종 개와 잡종 고양이는 무작위성과 잡종 강세의 승자다.

《옥스퍼드 사전》에 따르면 잡종 강세hybrid vigour는 '잡종인 개체가 부모보다 우세한 형질을 보이는 것'이다. 자연이 부지불식간에 하는 일에 관한 훌륭한 정의다. 이는 열성 유전자 축적으로 자식이 부모보다 덜 우세한 근친교배 약세의 반대말이다. 잡종이 전도유망한 건 분명하다!

그런데 왜 잡종 개는 인기가 없는데 잡종 고양이는 인기가 훨씬 더 많을까? 아마도 고양이는 언제나 똑같았기 때문인 듯하다. 대부분의 사람은 단지 고양이를 원한다. 머리 모양으로 고양이를 구분하지 않는다. 특정한 색이나 털 길이를 선호할 수는 있겠지만 그 안의 동물은 그저 고양이다. 예전에는 개도 같은 방법으로 보았다. 그 시절로 돌아가길 진심으로 바란다. 소제목에 멍멍이doggie라는 단어를 썼다. 어른들이 아이들을 보면서 "아이고, 우리 강아지, 우리 멍멍이."라고 할 때면 손발이 오그라들지만 분명 이 단어가 갖는 사랑스러운 의미가 있다. 야옹이moggie와 마찬가지로! 이런 때로 돌아가기를 바란다.

잡종 개와 잡종 고양이 사이에는 또 하나의 큰 차이가 있다. 인간은 보호자 없는 동물 문제를 해결하기 위해 수십 년간 암컷과 수컷 모두 중성화수술을 시켰다. 이는 새로운 주인을 찾지 못하고 안락사로 죽어 가는 수많은 유기동물의 복지를 위해 매우 중요한 일이다. 그러다 보니 중성화수술은 잡종 개의 수에 큰 영향을 끼쳤다. 길고양이의 중성화수술은 이견이 있다 보니 건강한 잡종 고양이의 수에 그다지 영향을 미치지 않았다.

나는 유기동물 입양을 적극 지지한다. 입양 센터의 개들은 문제가 있어서 버려졌다고 여겨지지만 대부분 보호자의 이혼이나 사망, 재정적 문제 때문에 보호소에 오게 된다. 내게 유기동물 보호소는 아름다운 잡종견을 만나는 기회의 장이었는데 날이 갈수록 버려진 품종 동물로 채워지고 있다. 유행에 따라 품종 동물을 키우던 사람들이 충격적인 건강 문제를 인식하고 버리는 것이다. 현재 영국에는 품종견 수요를 맞추기 위해 불법적으로 수입된 강아지가 넘쳐나고 있다. 법으로 이 문제가 해결되기를 바란다. 품종견에 대한 인간의 집착은 심각한 도미노 효과를 불러오고 있다. 외모가 아닌 건강 위주의 번식과 이계교배를 시작한다면 동물들의 삶은 매우 달라질 것이다.

국제동물복지기금에서 일할 때 만난 개성 있고 튼튼하며 아름다운 잡종견들. © IFAW

2008년 남아프리카공화국에 있는 국제동물복지기금IFAW, International Fund for Animal Welfare과 함께 일했다. 우리는 사람들의 의식 개선을 돕고 수의사의 봉사활동을 독려하기 위해 케이프타운과 요하네스버그를 방문했다. 사람도 동물도 극심한 빈곤에 처해 있었다. 상황은 상상조차 할 수 없을 만큼 참혹했고, 우리가 치료한 개들은 영양실조 상태였으며, 기생충 투성이였다. 하지만 그들은 선천적으로 강하고 건강한 개체였다. 생존하려면 그래야만 했다. 그들은 중간 크기에 털이 짧은, 개다운 개였다. 무작위 번식과 적자생존의 결과였다. 모습이 극단적이거나 근친교배로 태어난 개를 거기 둔다면? 살아남을 가능성은 없다.

남편이 바람을 좋아하는 덕분에 우리 부부는 스페인의 거칠고 아름다운 도시 타리파에서 많은 시간을 보낸다. 나는 거기 가는 걸 정말 좋아한다. 해 질 녘에 술을 마시러 가

© IFAW

면 혼란 그 자체다! 어디에나 아이들과 개들이 있고 모두 자유롭게 뛰어다닌다. 많은 사람이 무책임하다고 여길 만한 상황이지만 덕분에 개들은 사회성이 뛰어나다. 짜증과 공격성을 유발할 수 있는 목줄에서 자유롭고, 어렸을 때부터 아이들에게 길들어져 있었다. 그리고 사실상 모든 개가 잡종이다. 여행자가 데려온 품종견도, 미친 듯이 놀고 싶어 하지만 목줄을 맨 상태여서 허락되는 경우는 없다. 그 개들을 제외하면 그 지역의 모든 개는 모두 활기찬 잡종견이다. 그래서 개 한 마리 한 마리의 모습이 놀랍도록 다르다.

어떻게 이계교배 된 건강한 개로 다시 돌아갈 수 있을지 사회적 큰 고민거리다. 이 고민은 10년 후가 아니라 바로 지금 시작해야 한다.

하이브리드 품종은 잡종일까 품종일까

이걸 옥의 티라고 말해야 하나. 품종 동물의 건강에 대한 문제가 제기되면서 사람들은 대안을 찾기 시작했다. 그런데 슬프게도 진정한 잡종을 찾는 게 아니라 새로운 걸 만들어 냈다. 잡종과는 아무 상관없는 하이브리드 품종이 바로 그것이다. 앞서 살펴본 바셋과 샤페이 잡종처럼.

이계교배 된 하이브리드 품종은 유전학 용어로 1대 잡종(F1 잡종)이라고 부른다. 서로 완전히 다른 부모 사이에서 태어난 1세대 잡종을 말한다. 가장 대표적인 예는 래브라두들Labradoodle이다. 이름을 보면 짐작이 가듯 래브라도리트리버와 푸들을 교배한 잡종이다. 이들은 1980년대 후반에 큰 인기를 얻었고 지금도 여전하다. 브리더들은 래브라두들이 알레르기를 적게 유발하기 때문에 개 알레르기를 가진 사람도 기를 수 있다고 홍보한다. 사실이 아니다. 앞서 말했듯이 알레르기는 대부분 동물의 털이 아니라 비듬이나 각질에 반응하는 것이다. 그래서 털이 덜 빠지는 동물이 어떤 사람에게는 나을 수도 있지만 그들이 알레르기를 전혀 일으키지 않는다는 보장은 없다.

래브라두들은 하이브리드 품종의 문제와 그것이 전달하는 형편없는 의미를 전형적으로 보여 준다. 심각한 건강 문제가 있는 두 품종을 골라 섞으면 결과는 완전히 로또다. 진료를 하면서 래브라도의 관절 질환과 푸들의 피부병을 피한 로또에 당첨된 래브라두들을 보곤 했다. 하지만 관절 질환과 피부병이 모두 유전된 래브라두들도 그만큼 많이 봤다. 그 중 한 마리는 끔찍한 건강 문제로 태어난 지 6개월 만에 안락사되었다.

갑자기 코커푸(코커스패니얼+푸들), 카바푸(캐벌리어+푸들), 퍼글(퍼그+비글) 등 수많은 일대 잡종이 생겨나고 있다. 이들의 주된 단점은 부모의 유전자 풀이 이미 매우 작기 때문에 새끼가 부모보다 건강하지 않을 확률이 높다는 것이다. 질병을 가진 두 개체를 섞는 것으로 잡종 강세를 보장하진 못한다.

래브라두들을 만든 호주 브리더 왈리 콘론Wally Conron은 자신이 한 일을 후회한다고 말했다. 래브라두들의 탄생 이후 하이브리드 품종을 향한 열광은 더 많은 건강 문제를 유발하고, 원칙 없이 번식하는 부도덕한 브리더가 늘었으며, 동물들은 버려졌다. 잡종을 찾는다면 진짜 잡종을 키우기를 바란다. 진정한 잡종을 입양할 수 있는데 100만~200만 원을 주고 하이브리드 품종을 사는 것은 미친 짓이다.

하이브리드 품종에 대한 내 생각을 압축해서 보여 주는 일대 잡종은 불도그bulldog와 시추shih-tzu이다. 두 품종의 앞 글자를 따면 하이브리드 품종에 대해 욕을 참기 어려운 내 마음을 대변할 수 있을 것이다.

지금까지 건강하지 못한 동물에 대한 지식을 쌓았다. 그럼 이제는 건강하고 행복한 강아지와 새끼 고양이를 선택하는 방법을 알아봐야 한다. 개와 고양이는 어떤 면에서 많이 다르다. 그래서 관련 내용을 쉽게 찾아볼 수 있도록 개와 고양이로 나누어 설명할 것이다.

12

건강한 강아지 선택하기

개를 선택하기 전에 스스로를 먼저 돌아보자

인생의 모든 일이 그렇듯 보장된 것은 없다. 강아지를 선택하는 일도 마찬가지다. 잡종이지만 건강하지 않기도 하고, 순종 강아지가 평생을 건강하게 살아가기도 한다. 따라서 이 장의 정보는 일반론이다. 강아지를 선택할 때 흔히 피해야 할 것, 눈여겨볼 것 등 위험 요소를 피할 수 있도록 조언하는 것이다. 단순한 하나의 지표로 건강한 강아지를 고르기는 불가능하다. 하지만 여러 지표와 정보를 알고 적용하면 건강하고 사회성이 좋은 반려견을 만날 확률이 높아진다.

가장 먼저 개를 사지 말고 유기동물 보호소에서 입양하기를 추천한다. 품종을 원하든 잡종을 원하든 보호소에는 새 가족을 기다리는 수천 마리의 동물이 있다. 보호소에 있다고 문제가 있는 동물도 아니다. 이미 마음에 두고 있는 견종이 있다고 하더라도 일단 보호소를 한 번 방문해 보기를 권한다. 잃은 것은 없고, 특별한 인연을 만날 수도 있다. 좋은 입양 기관은 행동 평가로 동물의 성향을 파악하고, 입양인의 생활방식과 가정환경에 맞는 강아지를 찾을 수 있도록 도움을 준다. 이런 과정을 통해 단짝을 만나게 될지도 모른다. 보호소에 갔다고 꼭 입양해야 하는 것은 아니니 부담없이 방문해 보는 것이 어떨까.

성견 입양도 고려해 보자. 보호소에서 강아지가 아닌 다 자란 개를 입양하는 것도 현명한 선택이다. 강아지는 엄청 손이 많이 갈 수 있다. 어른 개는 집 안 물건을 망가뜨리는 일이 적고, 대소변 교육 등 여러 교육을 이미 익혔을 수 있다. 질풍노도의 시기인 청소년기를 피할 수 있고, 무엇보다 성견의 남은 삶을 행복하게 해 줄 수 있다.

유기동물 보호소에 갔다가 본인이 원했던 개와 정반대인 강아지를 입양한 친구가 있다. 이런 것을 운명이라고 한다. 특정 품종을 간절히 원하는 사람에게도 보호소를 추천한다. 보호소에도 품종견이 굉장히 많다. 무엇보다 인터넷에서 강아지 사진만 보고 결정하지 말고 유기동물 보호소를 방문해 두어 시간만 시간을 보내기를 바란다. 부디 보호소에서 운명의 상대를 만나기를!

개를 선택하기 전에 먼저 살펴야 하는 것은 바로 자신이다. 동물 유기, 특히 유기견이 발생하는 주요 원인은 잘못된 선택을 한 인간이다. 특정 품종의 나쁜 건강 상태와 그에 따른 예상치 못한 비용에 놀라서 버리는 경우가 많다. 그러니 부디 이번 장의 내용을 충분히 숙지해서 비극을 막기를 바란다. 이에 대해서는 잠시 후에 더 자세히 알아볼 것이다.

유기의 원인은 개의 나쁜 건강 외에도 순간적인 변덕이나 개를 본인의 패션 소품쯤으로 생각해서 유행에 따라 개를 고르는 수많은 사람들이다. 수년 전 영화 〈썰매 개Sled Dog〉가 개봉하고, 최근에는 허스키가 등장하는 인기 드라마 〈왕좌의 게임〉 때문에 허스키를 충동적으로 사는 사람이 급증했다. 허스키의 DNA에는 달리기가 각인되어 있다. 뛰어난 운동선수이자 일자리가 없는 백수가 아니라면 허스키의 달리기 욕구를 채울 만큼의 시간과 에너지는 없을 것이다. 영화 〈베토벤〉 이후에는 세인트버나드가 큰 인기를 끌었다. 퍼그가 주인공인 〈패트릭〉은 어떤 결과를 가져올지 암담하다. 핸드백에 초소형 치와와를 넣은 연예인의 사진이 화제가 되는 세상. 이런 현상은 매번 반복된다.

개는 품종에 따라 특징이 너무 달라서 전혀 다른 생물종처럼 보이기도 한다. 그 품종에게 필요한 것이 무엇인지 이해하고 자신이 처한 상황에 대해 솔직해야 한다. 내가 쓴 아동서 《반려동물 탐정*Pet Detective*》 시리즈는 동물에게 필요한 다섯 가지 복지 기준에 대해 다루고, 동물이 원하는 삶에 대한 이해를 돕기 위해 야생에 살던 그들의 조상과 야생의 친척들을 소환한다. 이런 정보가 자신에게 맞는 강아지를 찾는 데 유용할 것이다.

개가 행복하기 위한 다섯 가지 복지 기준

거의 모든 동물 관련 책은 동물복지의 기준이 되는 동물들의 다섯 가지 복지 욕구(welfare needs)에 대해 언급한다. 그렇기 때문에 익숙한 개념이기를 바라지만 매년 설문조사를 해보면 아직도 많은 보호자가 복지 욕구라는 개념에 대해 전혀 모른다. 복지 욕구는 2006년 잉글랜드와 웨일스의 동물복지법the Animal Welfare Act 2006, 2006년 스코틀랜드의 동물복지법the Scottish Animal Health and Welfare Act 2006, 2011년 북아일랜드의 동물복지법the Northern Ireland Welfare of Animals Act 2011의 토대가 되었다. 또한 전 세계의 야생 및 전시 동물을 돌보는 데 필요한 최소한의 조건을 명확하고 간결하게 제시한다. 각 나라는 법에 따라 동물의 복지 기준을 의무적으로 충족시켜야 하고, 이를 등한시하면 기소될 수 있다. 반면 법적 강제성은 없지만 반려동물을 제대로 보살피는 것은 도덕적 의무라고 생각한다. 반려동물 소유는 권리가 아니라 자격이 있는 사람만이 누릴 수 있는 특혜다. 단순히 갖고 싶다고 소유해서는 안 된다. 동물을 행복하고 건강하게 키울 수 없다면 함께해서는 안 된다. 복지 기준 중에서 건강과 관련된 욕구는 어찌 보면 충족시키기 가장 쉽다. 행복 관련 욕구는 만족시키려면 더 많은 노력이 필요하다. 행복은 반려견의 정신적 복지에 중요한 요소고, 집의 환경에 적응하는 데도 중요하다.

지금부터 개의 복지 기준에 대해 하나씩 살펴볼 것이다. 이것이 자신의 집과 삶, 많은 관계 속에 강아지가 잘 어울릴지 생각해 보는 기회가 되기를 바란다.

동물에게 필요한 복지 욕구에 대해 기본적인 조언을 하겠지만 이미 키우고 있는 개를 돌보는 방법보다는 개를 선택하는 방법에 중점을 둘 것이다. 개를 돌보는 방법에 대해서는 수의사의 말을 귀담아 듣고 궁금한 건 믿을 만한 자료가 있는지 조언을 구한다. 모든 욕구는 밀접하게 관련되어 있다. 여기서는 건강과 관련된 세 가지 욕구를 먼저 살펴본 후 행복에 관한 두 가지 욕구를 살펴볼 것이다.

1. 적절한 식단과 신선한 물

개(젖먹이 강아지는 예외)는 물 이외에는 마실 것이 따로 필요 없다. 개는 언제든지 신선한 물을 마실 수 있어야 한다. 동물, 특히 개의 배변 교육을 위해 밤이나 특정 시간에 물을 주지 않는 것은 잔인한 일이고, 강아지에게는 위험하다. 배변 교육을 시킨다고 탈수 위험을 감수할 게 아니라 행동학적 조언을 구해야 한다.

개의 식단은 선택지가 많다. 무엇을 선택할지는 개인의 선택이고, 주머니 사정과 정보 출처가 영향을 끼칠 가능성이 높다. 부디 식단을 결정할 때 수의사의 조언을 귀담아 듣기를 바란다. 일반적으로 비싼 사료일수록 질이 좋고 품질 관리가 잘되어 있다. '원재료가 정확히 정해지지 않은 사료open formula'는 싸고, 매번 원재료와 성분 함량이 다르지만 먹어도 별문제는 없다. '원재료가 정확한 사료fixed formula'는 비싸지만 성분 함량이 정해져 있다. 무엇을 먹이든 영양적으로 완전하고 균형 잡힌 것인지 확인해야 한다.

개는 인간과 마찬가지로 잡식성이다. 인간이 먹고 남긴 음식 찌꺼기를 먹으며 인간과 함께 진화했다. 개는 늑대와 달리 탄수화물 소화에 필요한 유전자를 가졌다. 즉, 개들은 늑대가 아니니 늑대처럼 먹여서는 안 된다. 따라서 요즘 인기 있는 무곡물grain free 사료는 필요하지 않다. 곡물불내증grain intolerance을 가진 개는 굉장히 드물다. 곡물은 다양한 종류의 섬유질과 비타민의 주요 제공원이다.

날고기는 급여하지 않는다. 감염병의 위험이 있기 때문에 개뿐만 아니라 가족, 수많은 사람과 동물의 공중 보건에 위험을 초래할 수 있다. 신선한 고기를 먹이고 싶다면 익혀서 준다.

강아지는 성장과 관절 건강을 위해 특정 비율의 인과 칼슘을 함유한 고열량 사료가 필요하다. 또한 뇌와 눈의 적절한 발달을 위해서는 특정 지방산이 필요하다. 수의사의 조언을 받아 질이 좋고 영양적으로 균형이 잡힌 완전한 양질의 사료를 선택해야 한다. 만약 성견의 체중이 25킬로그램이 넘는 종의 강아지라면 대형견용 강아지 사료를 급여해야 정상적인 성장을 할 수 있다.

비용도 고려해야 한다. 강아지가 성견이 되었을 때 얼마나 먹을지 계산해 보고 15년 이상 제대로 먹일 경제적 여유가 있는지 생각해 봐야 한다.

마지막으로 수의사를 통해 신체충실지수BCS, body condition score에 대해 알아본다. 이는 강아지의 몸무게가 적절한지 평가하는 방법이다. 비만은 큰 문제다. 많은 사람들이 뚱뚱한 상태의 동물을 몸무게가 적당하다고 잘못 알고 있다. 개를 날씬하게 유지하고 처음부터 좋은 습관을 길러주면 평생 건강하게 장수할 가능성이 높아진다.

2. 개에게 적합한 공간과 환경

개에게 적절한 환경이란 집이다. 어떤 집은 자신이 원하는 품종의 개는 고사하고 어느 개에게도 적합하지 않을 수 있다. 자신이 원하는 품종의 크기와 에너지 정도, 필요 운동량을 알아봐야 한다. 개가 실내에서 배변을 하지 못하는데 집에 마당이 없다면 개의 대소변을 해결하기 위해 하루에 6~10번씩 산책을 나갈 수 있는지 심사숙고해야 한다. 이건 운동과는 별개의 일이다. 잠자리, 장난감, 밥그릇, 목줄 같은 용품을 구입할 능력이 되는지도 고려한다. 산책하다 개의 몸이 젖고 진흙투성이가 되었을 때 이 문제를 처리할 공간이 있는지도 생각한다. 밤에 같은 침대에서 잘 것인가? 가구 위에 올라가도록 허락할 것인가? 모델하우스처럼 깨끗한 집이 털과 물, 물어뜯긴 물건, 진흙으로 더러워져도 괜찮은가? 개의 행복을 위해 자신의 집이 엉망이 될 수도 있다는 걸 고려한다.

3. 질병, 상처, 고통으로부터 구할 의료적 지원

수의학은 의학과 비슷한 속도로 성장하고 발전하고 있다. 동물도 인간과 같은 수준의 약물, 수술 도구, 위생 수준, 수술 기술, 건강검진, 엑스레이부터 최신 MRI 등 영상 장비를 제공받는다. 동물병원 비용은 비싸다. 수의사가 돈을 갈취해서가 아니라 높은 수준의 시설을 갖추고, 동물들에게 최적의 서비스를 제공하는 전문화된 전문 인력을 갖추려면 돈이 많이 들기 때문이다. 영국 사람들은 무료처럼 느껴지는 사람 대상 의료보험 시스템에 익숙해서 동물병원 비용에 분개한다. 앞서 말했듯이 동물을 키우는 것은 권리가 아니라 특혜다. 가장 기본적인 예방접종부터 혹시 받게 될지도 모르는 대수술까지 들어가야 할 모든 비용을 고려해야 한다.

자선단체인 아픈동물을위한진료소PDSA, People's Dispensary for Sick Animals는 매년 영국의 반려동물 보유 현황을 조사해 PAWPDSA Animal Wellbeing 보

고서를 발간한다. 꽤 흥미로운 읽을거리인 이 보고서는 온라인으로도 볼 수 있다. 이 보고서를 보면 개를 키우는 사람의 약 4분의 3은 개에게 평생 동안 드는 비용을 과소평가한다. 2017년도 보고서에 따르면 최소 비용이 1000만 원에서 2500만 원 정도였다. 하지만 실제로 특정 품종은 최소 비용이 약 5000만 원에 이른다. 만만치 않은 금액이기 때문에 강아지를 데려오기 전에 경제적 여력에 대해 생각해야 한다.

질병을 막기 위해 수의사들은 예방접종과 구충제를 추천한다. 수의사가 바가지를 씌우려는 게 아니라 동물이 안전하고 편안하게 사는 데 필요하기 때문이다. 강아지에서 성견이 될 때까지 주기적으로 예방접종을 해야 한다. 예방접종에 대한 음모론은 위험한 발상이다. 예방접종을 하지 않으면 동물도 사람과 마찬가지로 충분히 피할 수 있는 질병에 걸려 사망할지 모른다. 예방접종 거부는 세상을 중세로 되돌리는 것과 같다.

예방접종은 생명을 살린다. 물론 과도한 예방접종은 조심해야 한다. 좋은 수의사는 접종을 나눠서 하고 꼭 필요한 것만 접종한다. 각각의 질병에 맞는 접종이 따로 있고 면역 지속 기간도 다르다. 매년 맞춰야 하는 것도 있고 아닌 것도 있다. 동물에게는 예방접종이 필요 없다는 이상한 소리는 들을 필요도 없다. 나는 강아지들이 파보바이러스나 렙토스피라병과 같은 질병으로 죽는 모습을 직접 보았다. 예방접종만 했으면 피할 수 있었을 텐데 그렇게 죽는 건 끔찍하다. 세계소동물수의사회WSAVA, World Small Animal Veterinary Association는 세계적인 수의학 전문가들이 만든 예방접종 관련 정보를 제공한다. 읽어보길 바란다. 동종요법 예방접종은 실효성이 없다.

4. 개와 보호자가 함께 보낼 수 있는 충분한 시간

누군가와 함께 있거나 때로는 홀로 있고 싶은 욕구는 행복을 위해 매우 중요한 요소다. 인간은 기본적으로 사회적인 동물이기 때문인데, 개도 마찬가지다. 개도 꼭 다른 개와 함께 살아야 하는 것은 아니고 사람과 사는 것만으로도 충분할 수 있지만 홀로 남겨지는 것은 싫어한다. 홀로 남겨지는 걸 견디는 개도 있지만, 어떤 개는 그러지 못한다. 혼자서도 행복하고 괜찮아 보이는 개라 할지라도 실제로는 불행하거나 심지어는 공포감이나 좌절감을 느끼기도 한다. 하루 종일 집을 비워야 하거나 중간에 잠시 들러서 짧게 함께 있을 수 있다면 개를 길러서는 안 된다. 개는 오랜 시간 혼자 있는 것을 견디지 못한다. 개와 함께 살 수 있는 환경인지 스스로에게 묻고 옳은 결정을 내리길 바란다. 홀로 있어도 행복한 다른 반려동물을 고려할 수도 있다.

5. 개가 개답게 정상적인 행동하기

내가 아동서에 쓴 개의 행동에 관한 내용이다. 정상적인 개는 똥 오줌을 싸고, 낑낑거리고, 짖고, 울부짖고, 서로의 엉덩이 냄새를 맡고, 동물을 쫓고, 몸을 낮추며 놀고, 음식을 훔치고, 토하고 다시 먹고, 다른 개가 토한 것을 먹고, 물건을 물어뜯고, 물고, 긁고, 마당을 파헤치고, 털갈이를 하고, 침을 흘리고, 지저분하게 먹고, 소파 쿠션 사이에 장난감을 숨기고, 여우 똥에 뒹굴고, 진흙탕에 뛰어들고, 몸에 묻은 진흙을 자동차 안에 털고, 모르는 사람에게 뛰어들고, 우체부에게 짖고, 문 앞에서 짖고, 헬멧 쓴 사람에게 짖고, 지나가는 차에 대고 짖고, 달에도 짖는다.

개의 행동은 지뢰밭 같다. 이에 대해서는 뒤에서 더 알아볼 텐데 개, 특히 강아지는 보호자를 미치게 할 수도 있고 손도 엄청나게 많이 간다. 그만큼 강아지를 키우려면 큰 책임이 따른다. 다행히 대부분의 개는 교육이 가능하다. 교육은 개와 사람 모두에게 재미와 자극을 주고, 유대감을 쌓는 데도 도움이 된다. 예의 바른 개와 함께하면 주인의 삶이 달라지고, 개와 많은 곳에 함께 갈 수도 있다. 하지만 이런 욕구는 교육의 문제가 아니라 개가 개답게 지내게 하는 것에 대한 이야기다. 개는 선천적으로 상호작용을 하고, 놀고, 뛰고, 냄새 맡고, 탐험하고, 뒤쫓고, 다른 동물을 몰고 싶어 한다. 이외에도 개의 모든 행동은 진화와 가축화의 과정 속에서 그들의 본능에 심어졌다. 보호자가 귀찮다고 그중 하나라도 못하게 해서는 안 된다. 개에게 운동은 엄청나게 중요한데 가장 많이 박탈당하는 권리다. 물론 개가 산책을 제대로 할 수 없을 만큼 얌전하지 않아서일 수도 있겠지만 대체로 보호자가 너무 바쁘거나 게을러서 운동을 시키지 않아서일 것이다. 개를 키우려면 매일 최소 30분씩 두 번 이상 산책을 해야 한다. 날씨는 문제가 안 된다. 무조건 나가야 한다. 생각보다 힘든 일이고, 15년 이상 매일 해야 한다.

아픈동물을위한진료소에서 발간한 2017년도 보고서에 따르면 영국에 사는 개 중에서 13퍼센트에 달하는 120만 마리의 개가 아무 교육도 받지 못하고, 9만 3,000마리의 개가 단 한 번도 산책을 가지 않았다. 또한 개의 3분의 1은 하루에 산책을 딱 한 번만 한다. 동물복지라는 단어를 말하기가 참혹할 정도다. 이런 보호자는 되지 않기를 바란다. 운동과 자극의 부족은 비만과 우울의 주된 원인이다. 또한 개 물림 사고를 유발한다. 개와 함께하는 산책은 사람과 개 모두를 행복하게 하니 부디 실천하자!

품종별로 어떤 건강 문제가 있을까?

이제부터 강아지를 선택하는 과정에 대해 알아볼 것이다. 먼저 어떤 강아지가 자신에게 맞는지 알아보면서 선택의 폭을 줄였다면 그다음에는 불편한 진실인 품종별 개의 건강에 대해 살펴봐야 한다.

여태까지 다룬 모든 내용은 앞으로 나올 건강에 관해 이야기하기 위한 준비였다. 특정 품종의 마니아들로부터 비난이 쏟아지겠지만 이 책은 그들을 위한 게 아니라 맞이할 반려동물의 건강 문제를 걱정하는 사람들을 위한 책이다. 이 책을 통해 사람들이 품종견을 선택하지 않는 올바른 결정을 내리길 원한다. 일반적으로 잡종견이 더 건강하다. 외모가 아닌 건강 위주의 번식이 이루어지지 않는 한, 근친교배로 인해 앞으로도 품종견은 잡종견보다 건강하지 못할 것이다.

앞으로 나오는 내용은 개인적인 의견이지만 이 정보들을 통해 독자도 이 의견에 동의하기를 바란다. 다음 페이지(162쪽)의 표는 극단적인 체형이나 심각한 유전병 때문에 현재로서는 피해야 하는 품종들을 나열한 것이다. 굳이 이 품종들을 키우겠다면 사전에 반드시 건강검진을 하길 바란다. 건강검진을 하지 않았거나 검진 결과를 제대로 알려주지 않는 브리더의 강아지는 데려와서는 안 된다. 좋은 브리더도 있으니 그런 사람을 찾기 위해 노력해야 한다. 그럼에도 이런 조언을 무시하고 신체가 심하게 변형된 강아지를 선택한다면 그저 행운을 바랄 뿐이다!

앞으로 표에 나온 이 품종들이 덜 변형되고 더 건강해지길 바란다. 20년 후에는 이 목록이 많이 달라질 수 있을 것이다. 함께 지켜보자! 나는 20년 전부터 이 목록이 아예 없어지기를 바랐지만 슬프게도 그런 일은 일어나지 않았다. 물론 이 품종들 중 건강에 아무 문제가 없는 개체도 있다. 그럼에도 이 품종을 선택하지 말라는 이유는 대체로 가장 나쁘게 변형된 품종이기 때문이다. 이들만 피해도 건강한 반려동물을 만날 가능성이 높아진다. 또한 나라마다 유전자 풀이 달라 품종별 취약 질병이 다르다. 각 나라마다 품종별로 어떤 문제가 있는지 확인해 보길 바란다.

대략 30종을 꼽았고 많아 보이지만 품종견은 이외에도 150여 종이 더 있다. 표에 나열된 개들은 상태가 가장 심각한 경우일 뿐이고, 다른 많은 품종 역시 건강 문제를 가지고 있을 수 있으므로 개를 선택할 때는 신중을 기해야 한다.

피해야 할 품종	문제점
아메리칸코커스패니얼	극단적 신체 변형, 유전적 질병
바셋블루	극단적 신체 변형
바셋하운드	극단적 신체 변형
보스턴테리어	극단적 신체 변형, 단두개종
복서	단두개종, 유전적 질병
불도그	극단적 신체 변형, 단두개종, 유전적 질병
불마스티프	극단적 신체 변형, 단두개종, 유전적 질병
잉글리시불테리어	극단적 신체 변형
캐벌리어킹찰스스패니얼	극단적 신체 변형, 단두개종, 유전적 질병
치와와	극단적 신체 변형, 유전적 질병
차이니즈크레스티드도그	털이 없음
차우차우	극단적 신체 변형, 유전적 질병
클럼버스패니얼	극단적 신체 변형
코기(모든 종류)	극단적 신체 변형
닥스훈트(모든 종류)	극단적 신체 변형
댄디딘몬트	극단적 신체 변형
도베르만	유전적 질병
도그드보르도	극단적 신체 변형, 단두개종, 유전적 질병
프렌치불도그	극단적 신체 변형, 단두개종
저먼셰퍼드	유전적 질병
그레이트데인	유전적 질병
브뤼셀그리펀	극단적 단두개종
아이리시울프하운드	유전적 질병
재패니스친	극단적 단두개종
킹찰스스패니얼	극단적 신체 변형, 단두개종, 유전적 질병
마스티프	극단적 신체 변형, 유전적 질병
나폴리탄마스티프	극단적 신체 변형, 유전적 질병
뉴펀들랜드	유전적 질병

피해야 할 품종	문제점
페키니즈	극단적 단두개종
포메라니안	극단적 신체 변형
퍼그	극단적 단두개종, 신체 변형
로트와일러	유전적 질병
스카이테리어	극단적 신체 변형
샤페이	극단적 신체 변형, 유전적 질병
시추	단두개종
세인트버나드	유전적 질병

이 목록은 시간이 지나면서 변할 것이다. 같은 품종이라도 나라마다 유전자 풀이 다르기 때문에 취약한 질병이 차이가 있다. 단, 극단적인 신체 구조의 변형은 지역에 크게 차이가 없다. 몇몇 브리더는 현재의 극단적인 품종을 예전 같은 형태로 되돌리려 시도하기도 한다. 유전자 선별 검사를 통해 일부 품종의 건강을 향상시키는 등 많은 사람이 긍정적인 변화를 위해 노력하고 있다.

인간은 독특해 보이는 것을 좋아한다. 그래서 개를 특이한 모습으로 만들면서 질병에도 취약하게 만들었다. 이런 비극을 막으려면 품종 강아지를 찾지 않으면 된다. 소셜 미디어의 광고나 유명 연예인이 기르는 품종견에 사로잡히지 않아야 한다. 단두개종은 세계적으로 인기 있는데 그만큼 수의사와 간호사, 동물보호단체로부터는 반감을 사고 있다. 개를 선택할 때는 소셜 미디어가 아니라 전문가의 말에 귀를 기울이기 바란다.

과거 아름다운 야생 갯과 동물과 잡종을 기억해야 한다. 책이나 인터넷, 유기동물 보호소에서 어떤 개를 보든 일반적인 체형을 가진 균형이 맞고, 주름이 없고, 너무 크거나 작지 않은 꼬리를 가진 개를 선택하자. 대자연과 진화에 믿음을 가져야 한다. 변덕스러운 취향에 맞춰 생명체를 만들어 내는 현대판 프랑켄슈타인 박사에게 현혹되지 않기를 바란다.

유전자는 중요하다, 부모 개의 성품을 확인한다

언급했듯 품종이 같다고 기질도 같을 거라 예측할 수 없다. 그래서 영국의 맹견법Dangerous Dogs Act이 어처구니없는 것이다. 이 법은 동물법 역사상 최악의 법이다. 물론 품종별로 가지는 일반적인 차이는 개를 선택할 때 고려해야 하는 사항이다. 사람들은 오랜 세월 동안 양몰이, 경비, 사냥에 적합한 품종을 만들어 왔고, 이런 본능은 그들의 DNA에 각인되었다. 즉, 특정 품종은 특정한 행동을 하려는 경향이 있다. 양을 몰 듯 보호자들을 진찰실로 몰아넣는 보더콜리를 본 수의사가 많을 것이다. 이런 행동이 항상 문제가 되지는 않겠지만 본인의 가정 상황, 체력, 사회생활, 직업의 특성과 연관 지어 생각해 봐야 한다.

동물의 행동은 유전자와 주변 환경의 영향을 받는다. 개의 경우 생애 초기의 경험이 주변 환경에 해당한다. 우리는 이를 사회화, 습관화라고 부른다. 유전자로 인해 발현되는 행동적 결함은 좋은 사회화와 습관화, 강아지 교육으로 보완할 수 있지만 항상 가능한 것은 아니다. 특히 개의 기질은 유전자라는 천장에 막혀 있어 아무리 사회화를 시켜도 큰 변화를 이끌어 내지 못하기도 한다. '어떻게 기르느냐'와 함께 유전자가 미치는 영향이 크기 때문이다.

사회화에는 최적기가 있다. 개는 생후 3주부터 12~18주 사이다. 허스키나 가축을 모는 일을 하는 몰이herding 품종의 경우는 이 기간이 더 짧다. 개들이 사회적으로 완전히 성숙하는 시기는 1살에서 3살 정도다. 이 기간의 유전자와 환경이 성격을 형성하는 데 영향을 미친다. 한 예로 스태피(스태퍼드셔테리어)의 경우 강아지일 때는 사회성이 뛰어나고 잘 길들여지지만 3살에 가까워질수록 사람과는 잘 어울리지만 다른 개들과는 그러지 못하는 전형적인 스태피로 변한다. 그래서 개를 입양하려면 선택하려는 품종의 역사를 반드시 살펴봐야 한다.

개를 포기하는 주된 이유는 사람들이 자신의 상황과 맞지 않는 개를 고르기 때문이다. 수의사는 이런 잘못된 선택을 자주 목격한다. 고령자나 바쁜 가족이 콜리, 리트리버, 포인터, 스패니얼처럼 활동적인 목양견, 사역견 품종을 선택하는 것이다. 이런 품종의 개는 엄청난 육체적 활동과 정신적 자극이 필요하고, 그 욕구는 가끔이 아니라 매일 충족되어야 한다. 당연히 반려견으로 이상적이지 않다. 또한 리트리버 품종은 친근한 성품에도 불구하고 소유물을 지키려는 성향이 평균보다 높은 편이다.

최근 영국에서는 루마니아의 유기견을 구조해서 영국으로 데려오는 일이 벌어지고 있다(루마니아는 수도 부쿠레슈티에만 유기견이 약 5만 마리가 있을 정도로 도시에 유기견이 넘친다. 중성화수술을 시행하고 있지만 유기견에 의해 물려죽거나 다치는 사람들이 생기자 2013년 헌법재판소는 유기견을 포획해서 안락사하는 법안에 합헌 판정을 내리기도 했다. 이에 동물보호 활동가들은 유기견을 구조해서 다른 나라로 보내기도 한다_편집자 주). 고귀한 일처럼 보이지만 위험한 일이다. 그런 개들은 거리에서 목숨을 걸고 자신의 먹이를 지켜야 하는 삶을 살았기 때문에 공격성을 띠고 있을 가능성이 높아서 행동이나 성격에 문제가 있을 수 있다. 외국에서 개를 데려오는 데 드는 비용으로 자국의 개를 돕는 게 더 유용하지 않을까 생각한다. 영국에도 보금자리를 찾지 못한 강아지가 많으니까.

품종 설명에서 '부동산업자가 쓸 듯한' 단어를 주의하기를 바란다. 예를 들면 오랫동안 경비견이나 투견으로 일하던 품종에 대해서는 '충직하다, 독립적이다, 사람을 보는 안목이 있다'라고 설명한다. 이는 사실 '사회성이 떨어지고 낯선 사람에게 공격적이다'라는 뜻이다. 낯선 사람을 싫어하는 개를 원하는 사람들도 있는데 이걸 기억해야 한다. 개는 그 낯선 사람이 보호자가 아는 사람이라고 해도 봐주지 않는다!

같은 품종이라도 유전적 개량에 따라 다양성을 보이지만 성향은 어느 정도 정해져 있다. 좋은 습관화, 교육, 사회화에 신경을 써도 유전자로 인해 어느 정도의 성향은 정형화되어 있다. 개의 성격은 매우 중요하다. 따라서 개를 선택할 때 부모의 성품이 순하고 안정적인지 살펴보는 것이 가장 중요하다. 겁이 많거나 공격적인 개를 번식시켜서는 안 된다.

건강한 강아지인지 좋은 브리더인지 판별하는 체크 리스트

개를 사지 말고 보호소에서 입양하자. 그럼에도 브리더를 통해 혈통 있는 품종견을 데려올 생각이라면 몇 가지 알아야 할 사항이 있다. 이 글을 쓰고 있는 지금도 세계 여러 나라가 강아지 공장 문제에 시달리고 있다. 강아지 공장에서는 어떤 규제도 없이 끊임없이 번식한다. 강아지 공장 덕분에 펫숍에서 어떤 품종의 강아지를 원한다고 하면 하루 만에 강아지 공장에서 데려온 강아지를 살 수 있다. 영국이 동물복지 선진국인지 의구심이 든다. 현대인은 원하는 것을 즉시 가지는 데 익숙하다. 최근 조사에 따르면 사람들이 강아지를 고르는 데 걸리는 시간은 신발을 고를 때보다 짧다. 그야말로 미친 짓이다. 동물을 데려오는 일은 결혼을 하거나 문신을 새기는 것과 같다. 결코 서두르면 안 된다. 아이들이 강아지를 데려오자고 자꾸 조른다면 관련된 책을 읽고 충분히 이야기를 나눈 다음 그 책임을 다할 마음의 준비가 되었을 때 결정한다.

강아지 공장은 뭐가 문제일까? 한마디로 총체적 난국이다. 개는 이윤 창출을 위한 기계가 아니다. 지각이 있는 생명체다. 번식에 이용되는 개들도 좋은 삶을 살고, 필요한 욕구가 충족되어야 할 권리가 있다. 그런데 강아지 공장의 개들은 불결한 환경에서 지내고, 완전히 고립되어 있다. 적절한 먹이와 물을 포함해 어떠한 기본적 욕구도 충족되지 못한 채 살아가고 있다. 그들이 낳은 강아지는 면역력이 약하고 건강에 여러 가지 문제가 있다. 사회성이나 좋은 습관을 기를 기회도 없다. 농장의 철장에 갇힌 채 성격 형성기를 보낸 강아지를 입양하고 싶은 사람은 없을 거라고 확신한다. 사회화에 대해서는 뒤에 자세히 다룰 것이다.

강아지 불법 수입도 영국에서는 큰 문제가 되고 있다. 브리더들은 강아지들에게 여권이 있다고 말하지만 동물용 여권은 광견병 예방접종을 마쳐야 발급이 가능한데 광견병 예방접종은 생후 12주 전에 하면 안 된다. 다시 말해서 여권을 보유한 생후 12주 미만의 강아지를 판다는 광고가 있다면 강아지의 연령 또는 예방접종 여부가 거짓이다. 혹은 둘 다 거짓일 것이다. 또한 예방주사를 맞으면 21일 동안은 해외로 나가지 못한다. 따라서 적절히 광견병 예방접종을 한 강아지가 주인을 만나려면 최소 생후 15주는 되어야 한다. 핵심적인 사회화 시기는 이미 지났다는 의미다. 게다가 부모가 누구인지, 강아지가 어디서 자랐는지도 모른다.

요즘 강아지 장사는 마약 밀매 수준의 조직범죄다. 큰돈이 되기 때문에 판매상들은 합법적으로 보이기 위해 별별 수단을 다 쓴다. 심지어 가정견처럼 보이기 위해 위장용 집에서 가짜 어미와 함께 강아지를 보여주기도 한다. 이는 어미를 보지 않고 강아지를 사지 말라는 '어미 개는 어디 있나요?Where's mom?'라는 캠페인이 성공을 거뒀기 때문이다. 이런 범죄 때문에 사람들이 좋은 브리더를 만나기가 점점 더 어려워지고 있다.

강아지 공장과 판매업자는 여러 품종을 다양하게 보유한 경우가 많다. 그러므로 다양한 품종견을 광고하는 브리더는 절대 피해야 한다. 가정집에서 어미와 강아지가 함께 찍힌 사진이 있는지 찾아본다. 강아지가 아무 의미 없는 배경 앞에 앉아 찍은 사진은 조심해야 한다.

왕립동물학대방지협회의 사이트에는 악질 판매상의 광고를 알아보는 팁과 그밖의 유용한 정보가 정리되어 있다.

- 판매상은 여러 광고에 같은 연락처를 기재하기도 한다. 다른 강아지 광고에도 사용했는지 전화번호를 검색해 본다.
- 강아지에 대한 설명을 그대로 베껴서 여러 광고에 사용하기도 한다. 똑같은 문구가 적힌 다른 광고가 있는지 검색한다.
- '미니어처'나 '티컵' 같은 단어를 사용하는 판매업자는 이러한 인기 용어를 악용하려는 사람일 가능성이 높다.
- 같은 강아지의 사진을 여러 광고에 이용하기도 한다. 이미지 검색으로 확인한다.
- 강아지 예방접종을 마쳤다고 하면 나이를 확인한다. 생후 4~6주 이전에는 예방접종을 할 수 없다. 생후 3주의 강아지가 예방주사를 맞았다면 거짓말이다.
- 강아지 여권이 있다면 해외에서 수입되었을 확률이 높다.
- 합법성을 보여 주기 위해 켄넬 클럽에 등록되어 있다고 광고한다. 강아지를 데려오기 전에 원본 서류를 요청하고 켄넬 클럽에 진위 여부를 확인한다.
- 무료 보험과 강아지 용품 제공이 판매상의 합법성을 증명하지 못한다.

강아지 농장이 계속 존재하는 가장 큰 이유 중 하나는 연민이다. 지금도 고속도로 휴게소 같은 곳에서 판매상과 만나 강아지를 사는 사람들이 있다는 사실에 놀라곤 한다. 강아지가 어디서 자랐는지 직접 보지 않고 구매해서는 안 된다. 강아지들은 건강 상태가 어떻든 귀엽고 사랑스럽다. 사람들은 심지어 아파 보이는 강아지를 보고 마음이 아파 구해 주기 위해 그들을 산다. 이런 행위는 수요를 만들고 강아지 공장에서 사는 개들의 고통을 지속시킨다. 연민 때문에 건강하지 않은 강아지를 사서는 안 된다. 판매상 또는 브리더에게 부끄러운 줄 알라고 말하고 자리를 떠야 한다. 그리고 관련 기관이나 단체에 신고한다.

강아지와 브리더를 선택할 때 확인해야 할 체크 리스트다. 품종견이든 잡종견이든 똑같이 적용된다.

- 어미는 가정집에서 함께 생활하고 있어야 한다. 브리더의 집을 둘러보고 위장 하우스가 아닌지 살핀다. 어미가 진짜 어미라는 증거를 찾는다. 부도덕한 브리더는 품종은 같지만 아무 관계도 없는 암컷을 데려다 놓기도 한다. 어미와 새끼의 상호작용을 살펴본다. 편안하고 가까워 보이는가? 어미의 젖이 불어 있고 최근에 젖을 물린 흔적이 있는가? 만약 판매상이 어미가 산책이나 미용 때문에 자리를 비웠다는 핑계를 댄다면 하찮은 속임수일 확률이 높다.

- 어미와 강아지의 행동을 관찰한다. 어미가 두려움이나 수줍음이 많다면 새끼의 성향도 비슷할 확률이 높다. 어미의 자신감 있고 친근하며 행복한 모습은 좋은 징조다. 강아지도 마찬가지다. 내성적이거나 겁 많은 강아지는 피한다.

- 브리더에게 건강검진 여부와 해당 품종의 특성에 대해 자세히 물어본다. 검사 결과를 보여 주지 못하고 변명을 늘어놓을 때 설득당하지 않는다.

- 질병 예방을 위한 건강 관리에 대해 물어본다. 어미가 주기적으로 예방접종을 했는지 꼭 확인한다. 이는 강아지도 어미에게서 어느 정도의 면역력을 물려받았음을 의미한다. 생후 8주가 지났다면 이미 첫 예방접종을 마쳤어야 한다. 어미와 강아지들이 주기적으로 구충제를 복용했는지도 확인한다.

- 입양하기 전까지 사회화나 좋은 습관을 위한 교육 계획을 확인한다. 생후 몇 달은 강아지가 새로운 세계에 익숙해지도록 해 주어야 한다(이에 대해서는 뒤에 팁을 소개할 것이다). 만약 브리더가 아무 계획도 없거나 개념 자체를 모른다면 다른 브리더를 찾는다.

- 강아지들이 보살핌을 제대로 받고 있는지 다음 리스트로 확인한다.

  ☑ 털과 피부의 상태 ☑ 밝고 투명한 눈 ☑ 영양 상태가 좋은지, 마르지 않았는지 ☑ 벼룩의 유무 ☑ 엉덩이가 깨끗한지 ☑ 아파하는 곳은 없는지 ☑ 절뚝거림 없이 잘 걷고 뛰는지 ☑ 숨 쉬는 데 어려움이 없고, 코 고는 소리를 내지 않는지 ☑ 머리를 흔드는지 ☑ 귀에서 냄새가 나지 않는지

- 여러 번 방문하는 것을 브리더가 당연하게 생각하는지 살핀다. 돈부터 받고 싶어 하거나 방문 당일에 강아지를 넘겨준다면 경계한다. 최소 세 번은 만나서 모든 상태가 좋은지 확인한다.

- 브리더가 동물보호단체의 입양 계약서에 서명하는 걸 받아들이는지 확인한다. 브리더가 준비한 계약서가 있더라도 보호자가 준비해 간 계약서에도 사인을 받는다.

동물보호단체의 입양 계약서

동물복지재단AWF, the Animal Welfare Foundation은 잘 알려지지 않은 단체지만 대단한 일을 하고 있다. 자금을 현명하게 사용하고, 수의사와 반려인에게 양질의 정보를 제공하고, 동물복지 개선을 위해 노력하는 많은 연구소와 교육기관을 후원한다. 품종 관련 문제가 대서 특필되었을 때 동물복지재단은 왕립동물학대방지협회와 함께 강아지 입양 계약서와 자료집을 만들었다. 기존의 계약서가 브리더에게 유리한 것들이었다면 재단의 계약서는 구매자에게 힘을 실어 주고, 구매자와 판매자 사이의 균형을 바로 잡고, 문제 발생 시 이를 해결할 수 있다.

자료집은 몸과 마음이 건강한 강아지를 얻기 위해 브리더에게 물어봐야 하는 필수 질문을 제공한다. 자료집은 부분적으로 법적 효력이 있다. 강아지 계약서는 사이트puppycontract.org.uk에서 다운로드받을 수 있다(한국도 보호소, 동물단체별로 입양 계약서가 마련되어 있다._편집자 주).

강아지의 사회화와 습관화

이 책은 이미 함께 살고 있는 개를 돌보는 방법이 아니라 좋은 강아지를 선택하는 방법에 관한 책이지만 그래도 중요한 몇 가지에 대해서는 간단히 언급할 것이다.

사회화와 습관화는 강아지를 선택하는 방법과도 연관이 있다. 브리더가 먼저 시작해야 하는 과정이기 때문이다. 동물에게 생후 몇 주간은 사회화와 습관화에 있어 굉장히 중요한 시기다. 사회화는 자기와 같은 종인 개와 어떻게 상호작용하는지를 배우는 과정이고, 함께 사는 다른 종과 교류하는 방법을 배우는 과정이다. 강아지와 함께 사는 종은 인간과 고양이가 가장 흔하지만 강아지가 사는 모든 사회적 환경도 포함된다. 사회화가 안 된 개는 다른 개나 사람을 전반적으로 무서워하기도 하고, 큰 개나 어린이, 수염 난 남성 등 특정한 대상에 공포를 느끼기도 한다. 습관화는 집과 인근의 풍경과 소리, 다양한 바닥재, 목줄 등 주변 환경 속 무해한 것들에 익숙해지는 방법을 배우는 과정이다.

사회화는 생후 3주부터 시작되므로 브리더는 이미 강아지의 사회화에 막대한 영향을 끼쳤을 것이다. 그래서 강아지가 자라온 환경을 살피고 브리더에게 사회화와 습관화의 훈련 계획에 대해 묻는 것이 중요하다. 강아지를 집으로 데리고 온 후에는 그 역할을 이어받아 보호자가 강아지의 경험을 넓혀 주어야 한다. 그러므로 사회화와 습관화가 얼마나 진행되었고 앞으로 무엇을 해야 하는지 파악하는 것이 중요하다.

강아지는 어린이, 노인, 안경 쓴 사람, 모자 쓴 사람, 수염 난 사람 등 가지각색의 사람들을 만나 봐야 한다. 강아지가 어린이를 볼 때와 성인을 바라볼 때가 크게 다르다는 것을 알아야 한다. 강아지 시점에서는 신생아, 기는 아기, 걷는 아기, 5살 미만 아이, 5~10살 어린이, 10살 이상의 어린이가 모두 다른 종으로 보인다. 이를 염두에 두고 강아지가 다양한 나이대의 아이들과 만날 기회를 마련한다. 이때 중요한 점은 그 만남이 '행복한' 만남이어야 한다는 것이다. 또한 냉장고, 식기세척기, 청소기, 헤어드라이어 등 일상적인 물건과 소음에도 노출되어야 한다. 이는 집에서 시작해야 하고, 안고 나가서 밖의 세상도 경험하게 하다가 외출해도 되는 안전한 시기가 되면 함께 밖으로 나간다.

강아지가 외출하기에 불안한 시기에는 사회화 교육을 어떻게 할지 혼란스러워하는 사람들이 많다. 수의사와 상담해서 예방접종이 효력을 내는 시점을 확인하고, 다음의 의견도 참고한다.

> 첫 예방접종 후 7일 이전에는 공공장소 바닥에 내려놓는 것만 제외하면 성견처럼 생활해도 된다. 이를 통해 다른 성견과의 접촉을 제외한 모든 사회화와 습관화 과정을 진행한다. 첫 예방접종 후 7일이 지나면 다른 강아지나 강아지와 잘 지내는 성견(강아지를 싫어하는 성견도 있다)과 만남을 갖는다. 이 시기에 강아지가 만나는 개들은 예방접종이 완료되어 있어야 한다. 거주하는 지역에 유행하는 질병이 있는지도 수의사에게 확인한다.

새로운 강아지가 집에 오면 귀여움에 정신이 팔려 앞으로 펼쳐질 상황을 제대로 예상하지 못하는 경우가 있다. 반려견 배저와 팬을 입양했을 때 우리는 아이가 없었고, 아이를 키우는 친구도 없었다. 팬과 배저는 어렸을 때부터 우리와 어디든지 함께 갔기 때문에 거의 모든 것에 사회화와 습관화가 된 상태였다. 배저는 조금 늦은 시기에 처음으로 아이를 접했는데 그 아이에게는 행동 문제가 있었다. 배저는 목줄을 한 상태였는데 아이가 갑자기 배저의 얼굴 쪽으로 달려들었다. 그 찰나의 순간에 아이가 배저의 목줄을 잡고 끌어 올려 배저의 얼굴을 자기 얼굴 앞에 갖다 댔다. 배저는 재빨리 상황을 피하려는 몸짓을 취하고 접촉에 대한 불쾌감을 표현했을 텐데 아이는 알지 못했고 배저는 최후의 수단으로 아이를 할퀴었다. 배저가 차분한 강아지라 다행히 할퀴는 정도로 끝났다. 모두 충격을 받았고, 강아지 사회화에서 주요 부분을 빠뜨렸다는 사실을 깨달았다. 다음에 강아지를 입양하면 같은 실수를 되풀이하지 않을 것이다. 이 만남 때문에 배저는 아이들과 친해지지 못하고 있다.

최근에는 강아지의 사회화와 습관화에 대해 도움이 될 만한 것이 많다. 동물병원이나 행동학 전문가가 운영하는 강아지 교육 수업에 참가하면 보호자도 많은 것을 배우고, 강아지도 습관화와 사회화를 시작할 수 있다. 이때 기억해야 할 것은 강아지의 사회화가 스피드 게임이 아니라는 것이다. 강아지가 기분이 안 좋을 때 무언가를 접하게 하면 대상에 대한 부정적인 인식만 심어 줄 뿐인데 그런 인식을 되돌리기가 쉽지 않다. 이는 습관화가 아니라 예민화sensitisation다. 이 사이트ispeakdog.org에서는 강아지가 무언가를 처음 접했을 때 이를 즐거운 만남으로 기억하게 만드는 데 도움이 되는 방법을 제공한다.

행동학 전문가인 친구가 내게 당부했다. "제발 강아지의 밥그릇이나 개껌을 빼앗듯이 치우지 말고 간식 등 다른 보상을 주면서 유도하라고 책에 꼭 써 줘. 무언가를 낚아채는 행동은 순식간에 강아지의 소유욕을 불러일으키거든. 이런 문제는 평생 계속되고, 이로 인해 공격성 문제가 생겨 제 수명대로 살지 못하는 개도 봤어." 현명한 조언이다. 개에게 모든 것을 긍정적으로 인식하게 해야 하고, 타이밍도 중요하다. 그리고 뭔가 문제가 생겼다고 느껴지면 가능한 한 빨리 행동학 전문가의 조언을 구한다.

행동학 및 훈련 전문가는 신중히 선택해야 한다. 영국은 훈련과 행동학에 관한 자격을 전혀 규제하지 않아 누구나 자신을 훈련가, 행동학 전문가라고 할 수 있다. 행동학 전문가를 만난다면 반려동물행동상담사협회APBC, Association of Pet Behaviour Counsellors 회원인지, 임상동물행동전문가

CCAB, Certified Clinical Animal Behaviourist 자격을 받았는지 확인한다. 동물행동훈련협회ABTC, Animal Behaviour and Training Council 명단에서 자격을 갖춘 동물행동학 전문가qualified veterinary behaviourist와 임상동물행동학자CAB, clinical animal behaviourist로 등록되어 있는지 확인할 수 있다.

강아지를 힘으로 제압하거나 지배하려던 시절은 지났다. 동물 행동에 대한 사람들의 이해도는 옛날보다 크게 높아졌다. 그러나 아직도 많은 훈련사나 행동학 전문가, 심지어 아주 유명한 사람들마저 부정적이고 공격적인 방법으로 개를 제압하려고 한다. 이는 절대 용납해서도 안 되고, 효과도 없다. 누군가 개를 지배해야 한다고 말하거나 핀치칼라(pinch collar, 안쪽에 돌기가 있어 당기면 강한 통증을 유발하는 목줄_옮긴이 주)를 권유한다면 가까이하지 말고 도망 가라(당기면 목을 조여 숨을 못 쉬게 하는 초크체인 사용도 마찬가지다_편집자 주).

13

건강한 새끼 고양이 선택하기

이 장의 내용은 12장과 겹치는 부분이 있다. 개나 고양이 중에 하나만 기르는 경우가 많아 겹치지 않겠지만 호기심으로 두 장을 다 읽는다면 필수적인 부분은 반복될 것이다. 하지만 고양이는 정말 놀라운 생명체므로 내용의 차이가 큰 부분도 있다.

인생에 절대적인 것이란 없다. 잡종이지만 건강하지 않은 고양이가 있고, 순종 고양이가 평생을 건강하게 살아가기도 한다. 이 장의 정보는 새끼 고양이를 선택할 때 피해야 할 것과 눈여겨 볼 점들을 설명하지만 이 역시 절대적인 지표는 아니다. 단순한 하나의 지표로 건강한 고양이를 고르기란 불가능하다. 여러 지표와 정보를 숙지하고 활용해야 건강하고 적응력이 뛰어난 고양이를 만날 확률이 높아진다.

고양이는 개와 조금 다르다. 별 다른 노력 없이 고양이를 얻는 사람이 많다는 점에서 시작부터 다르다. 사랑스러운 나이 든 고양이가 떠난 뒤 며칠 지나지 않아 길고양이가 집에 들어와 눌러앉았다는 보호자들을 많이 봤다. 또한 계획 없이 태어나는 새끼 고양이도 많기 때문에 훌륭한 잡종 고양이를 만나기가 그다지 어렵지 않다.

반면 운이 좋지 않은 사람은 적극적으로 고양이를 찾아다녀야 한다. 품종을 원하든 잡종을 원하든 간에 일단 수많은 고양이가 있는 유기동물 보호소를 방문해 본다. 이미 원하는 고양이가 확실히 있더라도 보호소를 방문한다고 잃을 것은 하나도 없고, 잘하면 모든 것을 얻을 수도 있다. 밑져야 본전이다. 인터넷에서 고양이 사진을 보고 문의 전화를 하기 전에 유기동물 보호소에서 두어 시간만 보내 보자.

좋은 입양기관은 행동 평가로 동물의 성향을 파악하고, 입양인의 생활 방식과 가정환경에 맞는 고양이를 추천한다. 여기서 단짝을 만날 수 있다. 보호소에 갔다고 해서 꼭 입양해야 하는 것은 아니므로 당연히 그냥 돌아와도 된다. 성묘 입양도 고려한다. 새끼 고양이는 아무리 귀엽더라도 에너지가 넘치기 때문에 골칫거리가 될 수 있다. 성묘를 입양하면 그 순간 한 생명의 삶의 질이 높아지고, 대소변 훈련, 커튼 등반, 새벽 4시에 놀자며 우는 소리에 깨는 일을 피할 수 있다.

고양이를 선택하기 전에 먼저 살펴야 하는 것은 바로 자신이다. 유기동물이 발생하는 주요 원인은 잘못된 선택을 한 인간이다. 특정 품종의 나쁜 건강 상태와 그에 따른 예상치 못한 비용에 놀라서 버리는 경우가 많다. 그러니 이번 장의 내용을 충분히 숙지해서 비극을 막기를 바란다.

고양이에게 필요한 것이 무엇인지 이해하고 자신이 처한 상황에 대해 솔직해야 한다. 내가 쓴 아동서 《반려동물 탐정》 시리즈는 동물에게 필요한 다섯 가지 복지 기준에 대해 다루고, 동물이 원하는 삶에 대한 이해를 돕기 위해 야생에 살던 그들의 조상과 야생의 친척들을 소환한다. 이런 정보가 자신에게 맞는 고양이를 찾는 데 유용할 것이다.

고양이가 행복하기 위한 다섯 가지 복지 기준

거의 모든 동물 관련 책은 동물복지의 기준이 되는 동물들의 다섯 가지 복지 욕구에 대해 언급한다. 그래서 익숙한 개념이기를 바라지만 매년 설문조사를 해보면 아직도 많은 보호자가 복지 욕구라는 개념에 대해 전혀 모른다. 복지 욕구는 2006년 잉글랜드와 웨일스의 동물복지법, 2006년 스코틀랜드의 동물복지법, 2011년 북아일랜드의 동물복지법의 토대가 되었다. 또한 전 세계의 야생 및 전시 동물을 돌보는 데 필요한 최소한의 조건을 명확하고 간결하게 제시한다. 각 나라들은 법에 따라 동물의 복지 기준을 의무적으로 충족시켜야 하고, 이를 등한시하면 기소될 수 있다. 법적 강제성은 없지만 반려동물을 제대로 보살피는 것은 도덕적 의무라고 생각한다. 반려동물 소유는 권리가 아니라 자격이 있는 사람만이 누릴 수 있는 특혜다. 단순히 갖고 싶다고 소유해서는 안 된다. 동물을 행복하고 건강하게 키울 수 없다면 함께해서는 안 된다. 복지 기준 중에서 건강과 관련된 욕구는 어찌 보면 충족시키기 가장 쉽다. 행복 관련 욕구는 만족시키려면 더 많은 노력이 필요하다. 행복은 고양이의 정신적 복지에 중요한 요소고, 집의 환경에 적응하는 데도 중요하다.

지금부터 고양이의 복지 기준에 대해서 하나씩 살펴볼 것이다. 이것이 자신의 집과 삶, 많은 관계 속에 고양이가 잘 어울릴지 생각해 보는 기회가 되기를 바란다.

동물에게 필요한 복지 욕구에 대해 기본적인 조언을 하겠지만 이미 키우고 있는 고양이를 돌보는 방법보다는 고양이를 선택하는 방법에 중점을 둘 것이다. 고양이를 돌보는 방법에 대해서는 수의사의 말을 귀담아듣고 궁금한 건 믿을 만한 자료가 있는지 조언을 구한다. 모든 욕구는 밀접하게 관련되어 있다. 여기서는 건강과 관련된 세 가지 욕구를 먼저 살펴본 후 행복에 관한 두 가지 욕구를 살펴볼 것이다.

1. 적절한 식단과 신선한 물

고양이(젖떼기 전의 새끼 고양이는 예외)는 물 이외에는 마실 것이 따로 필요 없다. 고양이는 언제든지 신선한 물을 마실 수 있어야 한다. 흐르는 물을 좋아하는 고양이가 많기 때문에 분수가 있는 고양이용 물그릇으로 물을 주면 수분 섭취량을 늘리는 데 도움이 된다. 야생의 고양이는 보통 먹이 근처의 물은 마시지 않는다. 죽은 동물을 먹는다면 옆에 있는 물이 오염되었을 가능성이 있기 때문이다. 물그릇을 밥그릇에서 떨어뜨려 놓는 게 좋고, 가급적 집 안 여기저기에 물을 두면 좋다. 고양이는 수염이 물에 닿는 것을 좋아하지 않기 때문에 너비가 넓은 물그릇을 좋아한다. 또한 고양이는 머리를 그릇 안으로 집에 넣을 때 불안감을 느끼기 때문에 물을 가득 채워 주는 게 좋다.

고양이의 식단은 선택지가 많다. 무엇을 선택할지는 개인의 선택이고, 주머니 사정과 정보 출처가 영향을 끼칠 가능성이 높다. 식단을 결정할 때 수의사의 조언을 귀담아 듣기를 바란다. 일반적으로 비싼 사료일수록 질이 좋고 품질 관리가 잘되어 있다. '원재료가 정확히 정해지지 않은 사료open formula'는 싸고, 매번 원재료와 성분 함량이 다르지만 먹어도 별문제는 없다. '원재료가 정확한 사료fixed formula'는 비싸지만 성분 함량이 정해져 있다. 무엇을 먹이든 영양적으로 완전하고 균형 잡힌 것인지 확인한다.

날고기는 급여하지 않는다. 감염병의 위험이 있기 때문에 고양이뿐 아니라 가족, 수많은 사람과 동물의 공중보건에 위험을 초래할 수 있다. 신선한 고기를 먹이고 싶다면 익혀서 준다.

새끼 고양이는 성장과 관절 건강을 위해 특정 비율의 인과 칼슘을 함유한 고열량 식단이 필요하다. 또한 뇌와 눈의 적절한 발달을 위해서는 특정 지방산이 필요하다. 수의사의 조언을 받아 질이 좋고 영양적으로 균형 잡힌 완전한 양질의 자묘용 식단을 마련한다.

비용도 고려해야 한다. 고양이가 성묘가 되었을 때 얼마나 먹을지 비용을 계산해 본다. 고양이는 평균적으로 16살 이상 살고, 최근에는 수명이 더 늘었다. 16년 이상 제대로 먹일 경제적 여유가 있는지 생각해 본다.

마지막으로 수의사를 통해 신체충실지수BCS, body condition score에 대해 알아본다. 이는 고양이의 몸무게가 적절한지 평가하는 방법이다. 비만은 큰 문제다. 많은 사람들이 뚱뚱한 상태의 동물을 몸무게가 적당하다고 잘못 알고 있다. 고양이를 날씬하게 유지하고 처음부터 좋은 습관을 길러주면 평생 건강하게 장수할 가능성이 높아진다. 고양이의 비만은 방광 문제, 특히 당뇨병과 밀접한 관련이 있다. 언제나 치료보다 예방이 더 좋고 쉬운 길이다.

2. 고양이에게 적합한 공간과 환경

고양이에게 적절한 환경은 단지 집이나 정원의 의미가 아니다. 어떤 집은 어떤 고양이에게는 적합하지 않을 수 있다. 실내에서만 지내면서 진정으로 행복한 고양이는 거의 없다. 아파트에 살거나 정원이 없는 집이라면 고양이와 함께 살기 좋은 환경인지 고민해 봐야 한다. 고양이를 실내에만 두면 스트레스와 비만, 짜증을 유발할 수 있다(한국 도시의 외출 고양이는 동물학대, 로드킬 등 위험 요소가 많다_편집자 주).

고양이 침대, 스크래처, 장난감을 구입하고 계속 바꿔 주는 데 드는 비용을 감당할 수 있는지도 고려한다. 고양이와 함께 침대에서 자는 게 가능한가? 모델하우스처럼 깨끗한 집이 털과 긁힌 자국, 외출 고양이라면 고양이가 잡아온 동물 사체로 뒤덮여도 괜찮은가? 고양이의 행복을 위해 집이 엉망이 되어도 괜찮은지 먼저 생각해 본다.

3. 질병, 상처, 고통으로부터 구할 의료적 지원

수의학은 의학과 비슷한 속도로 성장하고 발전하고 있다. 동물도 인간과 같은 수준의 약물, 수술 도구, 위생 수준, 수술 기술, 건강검진, 엑스레이부터 최신 MRI 등 영상 장비를 제공받는다. 동물병원 비용은 비싸다. 수의사가 돈을 갈취해서가 아니라 높은 수준의 시설을 갖추고, 동물들에게 최적의 서비스를 제공하는 전문화된 전문 인력을 갖추려면 돈이 많이 들기 때문이다. 영국 사람들은 무료처럼 느껴지는 사람 대상 의료보험 시스템에 익숙해서 동물병원 비용에 분개한다. 앞서 말했듯이 동물을 키우는 것은 권리가 아니라 특혜다. 가장 기본적인 예방접종부터 혹시 받게 될지도 모르는 대수술까지 들어가야 할 모든 비용을 고려해야 한다.

자선단체인 아픈동물을위한진료소는 매년 영국의 반려동물 보유 현황을 조사해 PAW 보고서를 발간한다. 꽤 흥미로운 읽을거리인 이 보고서는 온라인으로도 볼 수 있다. 이 보고서를 보면 충격적이게도 고양이를 키우는 사람의 약 98퍼센트가 고양이에게 평생 동안 드는 비용을 과소평가한다. 2017년도 보고서에 따르면 최소 비용이 약 1700만 원 정도였다. 하지만 실제로, 특정 품종은 최소 비용이 약 3500만 원에 달하기도 했다. 어느 쪽이든 만만치 않은 금액이기 때문에 고양이를 데려오기 전에 경제적 여력에 대해 생각해야 한다.

질병을 막기 위해 수의사들은 예방접종과 구충제를 추천한다. 수의사가 바가지를 씌우려는 게 아니라 동물이 안전하고 편안하게 사는 데 필요하기 때문이다. 새끼 고양이에서 성묘가 될 때까지 주기적으로 예방접종을 해야 한다. 예방접종에 대한 음모론은 위험한 발상이다. 예방접종을 하지 않으면 동물도 사람과 마찬가지로 충분히 피할 수 있는 질병에 걸려 사망할지 모른다. 예방접종 거부는 세상을 중세로 되돌리는 것과 같다.

예방접종은 생명을 살린다. 물론 과도한 예방접종은 조심해야 한다. 좋은 수의사는 접종을 나눠서 하고 꼭 필요한 것만 접종한다. 각각의 질병에 맞는 접종이 따로 있고 면역 지속 기간도 다르다. 매년 맞춰야 하는 것도 있고 아닌 것도 있다. 동물에게는 예방접종이 필요 없다는 이상한 소리는 들을 필요가 없다. 세계소동물수의사회는 세계적인 수의학 전문가들이 만든 예방접종 관련 정보를 제공한다. 읽어보길 바란다. 동종요법 예방접종은 실효성이 없다.

4. 다른 동물과 함께 혹은 함께하지 않을 욕구

인간은 행복을 위해 누군가와 꼭 함께해야 한다. 사회적 동물이기 때문이다. 하지만 고양이는 다르다. 사람은 단독생활을 하는 동물은 혼자서도 행복할 수 있다는 것을 믿기 힘들어한다. 보호자가 집을 비울 때 고양이가 지루해하거나 외로울까 봐 걱정하는 사람들이 다른 고양이를 데려온다. 이는 종종 재앙을 불러온다. 어떤 고양이는 친구와 함께 지내지만 그렇지 않는 고양이가 더 많다. 다른 고양이와 집에 함께 있는 것을 잘 견디는 고양이도 있지만 대부분은 그렇지 않다.

야생 고양이는 단독생활을 하고 짝짓기를 할 때 모인다. 야생 고양이는 먹이가 있어야 무리가 형성되고 유지된다. 요점은 고양이는 원하는 대로 자유롭게 돌아다닌다는 점이다. 야생에 사는 고양이는 먹이를 찾고 사냥하는 데 대부분의 시간을 쓰며, 자신의 자원을 맹렬히 지키고 나누는 것을 싫어한다. 집의 고양이도 사랑과 먹이, 물이 차고 넘치게 충분해도 다른 고양이가 있다면 경쟁자로 볼 것이다. 여러 고양이가 함께 사는 것은 배변 실수와 스트레스의 큰 원인이다. 고양이가 가출하는 주된 이유기도 하다. 2017년 PAW 보고서에 따르면 영국의 고양이 중 42퍼센트가 다른 고양이와 함께 살고, 그중 절반이 함께 사는 고양이와 어울리지 못한다. 이런 상황이 행복하다고 할 수 있을까?

5. 고양이가 고양이답게 정상적인 행동하기

고양이는 무언가를 죽이거나 가구를 긁는 등 사람이 화낼 만한 행동을 많이 한다. 모든 동물과 사람에게는 선천적이고 본능적으로 하는 행동이 있다. 고양이는 영역을 표시하기 위해 눈에 잘 띄는 것을 긁는다. 소파가 얼마나 비싼지는 상관하지 않는다. 단지 소파가 구석에 놓여 있다는 게 중요하다. 사람에게 몸을 문지르거나 사람 위로 올라가는 것은 자신의 소유물로 표시하기 위해서다. 대다수 고양이는 작은 포유류와 새를 쫓아서 잡으려는 욕구가 참을 수 없을 만큼 강하다. 배가 고프지 않아도 잡고, 잡은 것을 먹지 않으면서도 잡는다. 집에서 사지가 잘린 동물을 발견할 수도 있다. 고양이에게 방울을 달지 말자. 방울은 고양이에게 매우 거슬리는 일이고, 단다고 해도 사냥을 막지 못한다.

어떤 동물을 키운다면 그들의 정상 행동이 무엇인지 알아야 하고, 받아들여야 한다. 가구 옆에 스크래처를 둘 수는 있지만 고양이가 그것을 긁을 거라는 보장은 없다. 고양이가 하는 행동을 참을 수 없다면 함께 살지 말아야 한다. PAW 보고서에 따르면 고양이 보호자의 62퍼센트는 할 수만 있다면 변화시키고 싶은 고양이의 행동이 있다고 답했다.

고양이는 왜 자기를 싫어하는 사람 위에 앉는 걸 좋아할까? 이 흥미로운 사실은 사람들의 오해를 사는 행동이기도 하다. 고양이 애호가들은 고양이를 너무 사랑한다. 그들은 고양이를 따라다니며 온갖 소리로 부르고 가까이 다가선다. 고양이를 집어 들고, 잡고, 안고, 뽀뽀하고 싶어 한다. 그런데 고양이들은 이런 행동을 싫어한다. 고양이는 포식자지만 사냥감이기도 하기 때문이다. 그래서 잡히는 것을 무서워한다. 고양이를 잡는다는 것은 그들의 퇴로를 차단한다는 뜻이다. 사람들이 고양이를 쳐다보고 쫓아가면 고양이는 공격당하고 위협받는다고 느낀다. 그런데 고양이를 싫어하는 사람이 고양이의 영역에 있는 모습을 상상해 보자. 그들은 고양이를 좋아하지 않으니 쳐다보지도 근처에 가지도 않는다. 고양이가 접근할까 봐 두려워하며 눈도 마주치지 않는다. 그러니 이런 사람은 고양이 관점에서 보면 가장 끌리고 매력적이며 안전하고 위협적이지 않은 인간이다. 고양이와의 행복한 삶은 사람의 언어가 아니라 고양이의 언어에 달려 있다. '개에게는 주인이 필요하고 고양이에게는 집사가 필요하다'라는 말은 사실이다!

품종별로 어떤 건강 문제가 있을까?

이제부터 새끼 고양이를 선택하는 과정에 대해 알아볼 것이다. 먼저 어떤 고양이가 자신에게 맞는지 알아보면서 선택의 폭을 줄였다면 그다음에는 불편한 진실인 품종별 고양이의 건강에 대해 살펴봐야 한다.

여태까지 다룬 모든 내용은 앞으로 나올 건강에 관해 이야기하기 위한 준비였다. 앞으로 나올 내용 때문에 특정 품종의 마니아들로부터 비난이 쏟아지겠지만 이 책은 그들을 위한 게 아니라 맞이할 반려동물의 건강 문제를 걱정하는 사람들을 위한 책이다. 이 책을 통해 사람들이 품종묘를 선택하지 않는 올바른 결정을 내리길 바란다. 일반적으로 잡종묘가 더 건강하다. 외모가 아닌 건강 위주의 번식이 이루어지지 않는 한, 근친교배로 인해 앞으로도 품종묘는 잡종묘보다 건강하지 못할 것이다.

사실 고양이의 경우는 품종묘를 아예 선택하지 말라고 단호하게 말하고 싶다. 고양이는 훌륭하게 인간에게 잘 적응한 종으로 인간이 망가뜨린 부분이 거의 없다. 그런데 품종묘는 조상에게 받은 이런 훌륭한 본바탕을 쓸데없이 건드린 결과물이다.

앞으로 나오는 내용은 개인적인 의견이지만 이 정보들을 통해 독자도 이 의견에 동의하기를 바란다. 다음 페이지(184쪽)의 표는 극단적인 체형이나 심각한 유전병 때문에 현재로서는 피해야 하는 품종들을 나열한 것이다. 굳이 이 품종들을 키우겠다면 사전에 반드시 건강검진을 하길 바란다. 건강검진을 하지 않았거나 결과를 제대로 알려주지 않는 브리더의 새끼 고양이는 데려와서는 안 된다. 좋은 브리더도 있으니 그런 사람을 찾기 위해 노력해야 한다. 그럼에도 이런 조언을 무시하고 신체가 심하게 변형된 새끼 고양이를 선택한다면 그저 행운을 바랄 뿐이다!

극단적으로 체형이 변형되고 유전병이 있는 품종들이 앞으로 덜 변형되고 더 건강해지길 바란다. 20년 후에는 피해야 할 품종 목록이 많이 달라질 수 있을 것이다. 나는 20년 전부터 이 목록이 아예 없어지기를 바랐지만 그런 일은 일어나지 않았다. 물론 이 품종들 중 건강에 아무 문제가 없는 개체도 있다. 그럼에도 이 품종을 선택하지 말라는 이유는 대체로 가장 나쁘게 변형된 품종이기 때문이다. 이들만 피해도 건강한 고양이를 만날 가능성이 높아진다.

잡종 고양이를 고른다면 심하게 건강이 안 좋은 고양이는 아닐 것이다. 표에는 고양이 중에서도 극단적으로 가장 안 좋은 영향을 받은 고양이 품종을 목록에 올렸다. 나라마다 다양한 품종과 잡종이 있기 때문에 앞서 말한 것들을 기억하고 극단적인 경우를 조심하기를 바란다. 몸 형태 문제는 어디서나 비슷하지만 나라마다 유전자 풀이 달라 품종별 취약

피해야 할 품종	문제점
이그조틱쇼트헤어	단두개종
맹크스	유전적 질병
먼치킨	극단적 신체 변형
페르시안	단두개종, 유전적 질병
샴	극단적 신체 변형, 유전적 질병
스코티시폴드	유전적 질병
스핑크스	극단적 신체 변형

에저튼 지오바니Egerton Geovarni, 예전의 아름다운 페르시안고양이의 모습이다. 코 위치가 아래에 있는 현재 페르시안의 코 위치와 다른 것을 알 수 있다. © www.klassiskperserkat.dk

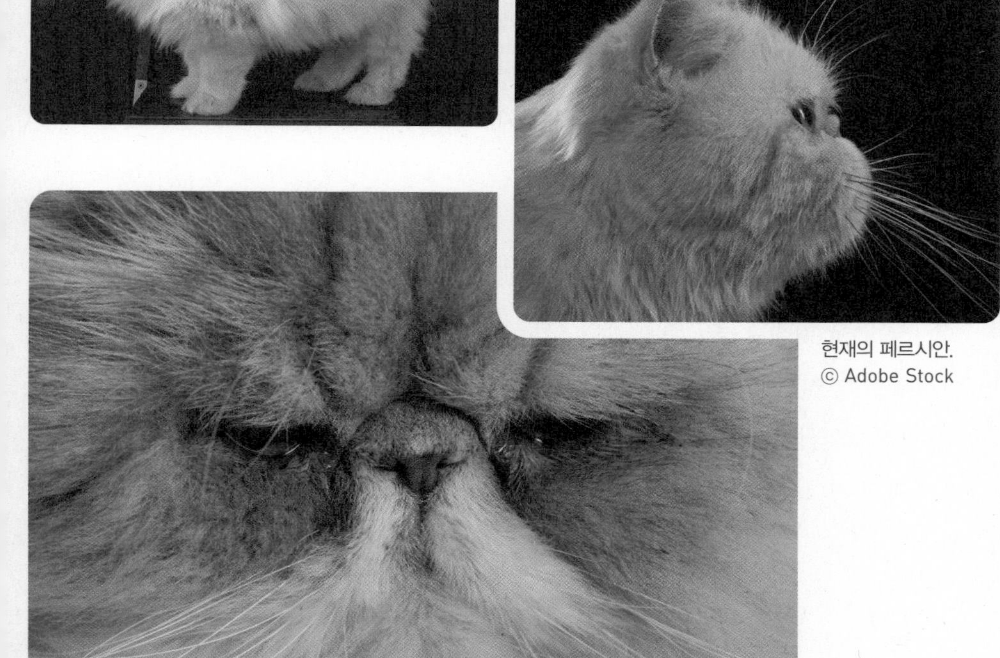

현재의 페르시안.
© Adobe Stock

질병이 다르다. 각 나라마다 품종별로 어떤 문제가 있는지 확인해 보길 바란다.

여러 나라에서 귀가 접히고, 털이 없고, 꼬리가 없는 고양이들이 늘어나고 있다. 이런 고양이는 표에 적힌 문제점 때문에 피해야 한다.

몇몇 브리더는 캣쇼 수상과 상관없이 품종의 예전 모습을 되찾기 위해 노력하고 있다. 예를 들어 예전 페르시안을 번식시키는 브리더도 있다. 덜 극단적인 모습을 유지하기 위해 끔찍하게 납작한 얼굴과 극도로 긴 털을 피하고 있다. 이렇게 번식된 페르시안은 1900년대 초의 페르시안고양이와 정말 닮았다. 그리고 좋은 브리더는 건강검진도 필수적으로 한다.

품종별 고양이의 기질과 성향

고양이는 자기 방식대로의 삶을 사랑한다. 그들은 독립적이고 개처럼 애착심이 없어서 그것 때문에 많은 사람의 사랑을 받는다. 어떤 사람은 고양이를 입양하면서 당연히 무릎 위로 올라올 거라는 기대를 한다. 이런 착각을 하는 사람들은 독립적인 고양이의 행동을 보고 자기를 싫어한다고 여기고 실망할 수도 있다.

고양이 보호자의 대다수가 고양이의 기질을 중요하게 생각한다. 고양이가 사람 옆에 앉는 걸 좋아하지 않는 것 정도는 아무렇지 않다. 하지만 가족이 방에 들어갈 때마다 공격하는 고양이는 누구도 원하지 않는다.

물론 인간과 꽤 친근한 고양이도 있다. 이는 생애 초기 경험으로 바뀐 것일 수 있지만 유전적인 것일 수도 있다. 잡종 고양이는 그저 고양이일 뿐이라 어떤 유전자가 섞였는지도 모르고, 아빠가 누군지 전혀 모르는 경우도 종종 있다. 하지만 새끼 고양이와 어미를 함께 보면 성격이 어떨지 눈치 챌 수 있다.

개에게 품종별 차이가 있는 것처럼 일부 고양이 품종은 특정한 성향이 있다. 샴과 버마고양이가 사회적인 성격을 가졌다고 여겨지기도 하니 집을 비우는 시간이 긴 편이라면 키우지 않는 것이 좋다. 품종의 행동만큼이나 건강을 고려하는 것도 중요하다. 많은 사람이 페르시안은 차분하다고 이야기하지만 이는 호흡에 어려움이 있어 잘 움직이지 않기 때문이기도 하다. 또한 많은 페르시안이 털 빗기를 싫어해서 보호자와 갈등을 겪기도 한다. 털 없는 고양이에게 사회적이라는 딱지가 붙기도 하지만 이는 그들이 인간의 보살핌에 매우 의존하고 체온을 유지하기 위해 집 안에만 있기 때문일 수도 있다. 예전부터 많은 수의사들은 벵갈고양이에게 행동 문제가 있다고 생각해 왔다. 그런데 그 원인이 벵갈고양이가 너무 비싸고 눈에 띄기 때문에 밖에 내보내지 않아서인 경우가 많았다. 집 안에서만 지내는 고양이는 스트레스와 좌절감을 겪을 수 있다.

품종 고양이에게 특정한 성향이 있다고 알려져 있지만 반드시 그러리라는 보장은 없다. 생애 초기 경험이 많은 것을 바꿀 수 있다는 것을 기억하기 바란다.

건강한 새끼 고양이 찾는 법

많은 경우 고양이가 사람을 선택한다. 수의사가 키우는 많은 고양이도 마찬가지다. 길을 잃고 방황하는 고양이, 아무도 원하지 않는 고양이, 버려지거나 방치된 고양이는 결국 병원에 오게 되기 때문이다. 우리 집의 고양이들도 다 그렇게 함께하게 되었다. 이웃집 고양이가 예기치 못하게 새끼를 낳았다는 소식을 듣거나 마트에 붙은 고양이 분양 전단지를 보고 함께 살게 되기도 한다. 고양이를 직접 선택하고 싶으면 유기동물 보호소를 방문한다. 새끼 고양이가 있을 가능성이 높지만 성묘와 사랑에 빠지게 될지도 모른다. 좋은 입양 기관은 새끼 고양이의 사회화와 습관화를 위해 노력하고, 화장실 교육과 예방접종 등에 대해 조언한다. 펫숍에서 새끼 고양이를 사지 말자. 새끼가 어떤 환경에서 태어나고 자랐는지 아무것도 알 수 없고 어미도 보지 못하기 때문이다.

브리더에게서 데려올 거라면 마음이 아프더라도 꼭 다음과 같이 행동한다. 새끼 고양이를 보러 갔는데 불편한 것이 하나라도 있다면 바로 그 곳을 떠난다. 말라빠진 고양이가 불쌍해도 데려오지 말아야 한다. 질 나쁜 브리더의 배를 불리는 일이며, 평생 동물병원 진료비를 내야 하는 아픈 동물을 떠안는 일이기 때문이다.

자신이 선호하는 고양이의 털색과 길이가 있겠지만 가족과 함께할 동물은 기질과 건강이 가장 중요하다. 그것을 가장 우선시해야 한다.

새끼 고양이의 사회화와 습관화

이 책은 이미 함께 살고 있는 고양이를 돌보는 방법이 아니라 좋은 새끼 고양이를 선택하는 방법에 관한 책이지만 그래도 중요한 몇 가지에 대해서는 간단히 언급하려고 한다. 사회화와 습관화는 새끼 고양이를 선택하는 방법과 연관이 있다. 브리더가 먼저 시작해야 하는 과정이기 때문이다. 생후 몇 주간은 아주 중요하며 이 시기를 사회화와 습관화 시기라 부른다. 사회화는 동물들이 자신과 같은 종의 동물을 어떻게 구분하고, 그들과 어떻게 상호작용하는지를 배우는 과정이다. 고양이와 함께 사는 종은 대부분 사람, 다른 고양이(이것이 언제나 좋은 일은 아니라는 점을 잊지 말자), 개와 지내게 된다. 여기에는 고양이가 살아갈 전체적인 사회적 환경도 포함된다. 습관화는 동물이 환경 내 위협적이지 않은 주변 환경에 익숙해지고 편안해지는 법을 배우는 과정이다.

새끼 고양이의 생후 3~7주는 결정적인 시기므로 브리더가 이미 막대한 영향을 끼쳤을 것이다. 그래서 고양이가 자란 환경을 살펴보고 브리더에게 사회화와 습관화의 훈련 계획에 대해 묻는 것이 중요하다. 새끼 고양이를 집으로 데리고 온 후에는 그 역할을 이어받아 보호자가 고양이의 경험을 넓혀 주어야 한다. 그래서 브리더에 의해 사회화와 습관화가 얼마나 진행되었고, 향후 몇 주간 무엇을 해야 하는지 파악하는 것이 중요하다.

새끼 고양이는 다양한 사람들을 만나고 부드럽게 다뤄야 한다. 고양이가 사람의 손길에 익숙하지 않으면 사람과의 접촉을 견딜 수야 있겠지만 즐기지 않게 된다. 또한 새끼 고양이는 진공청소기 소음 같은 집 안의 물건과 상황에 익숙해져야 한다. 새끼 고양이가 두렵게 느끼기 전에 올바른 방법으로 시도한다.

이런 과정은 브리더의 집에서 시작하는 것이 시기적으로 맞다. 따라서 입양할 집과 비슷한 환경에서 자란 고양이를 찾는 것이 이상적이다. 특히 개나 아이들이 있다면 더욱더 그렇다. 많은 고양이가 개들과 잘 지내고, 고양이보다 개와 함께 있을 때 더 행복해하기도 한다. 물론 개도 똑같이 느끼는지 확인해야 한다.

건강한 고양이인지 좋은 브리더인지 판별하는 체크 리스트

고양이가 예방접종을 했다면 브리더에게 예정일과 접종 종류를 물어본다. 나이에 따라 아직 안 했을 수도 있지만 어미(부모를 안다면)가 예방접종을 정기적으로 받았는지 증명서를 요구한다. 구충에 대해서도 물어본다. 기생충 예방은 임신과 수유, 생애 초기에 매우 중요하다. 어떤 제품을 사용했는지 물어보고 효과가 있는지 수의사에게 확인한다.

어미 고양이의 기질도 살펴봐야 한다. 어미가 사람과 있을 때 안정되고 편안해 보이는지 확인한다. 어미가 출산이 처음인지 새끼가 너무 작은지도 알아본다. 브리더가 출산 때부터 새끼를 만졌어야 어미도 그에 익숙해질 수 있다. 새끼 고양이를 만져도 되는지 물어보고 고양이들이 사람의 손길을 편안해하는지 확인한다. 가능하면 모든 새끼 고양이의 상태를 살펴본다.

환경이 깨끗한지 확인한다. 물론 약간의 분변이나 소변은 있겠지만 집이 더럽고 고양이들이 경계가 심한지도 살핀다. 위생은 어린 동물의 건강을 위해 매우 중요하다. 많은 동물을 번식시키는 곳의 고양이는 클라미디아 같은 전염병 등 만성적인 문제가 있을 가능성이 있다. 모든 고양이의 건강을 살피고, 건강이 조금이라도 나빠 보이는 새끼 고양이를 선택해서는 안 된다. 다음 내용을 꼼꼼하게 확인한다.

- 털과 피부의 상태. 엉킨 털이나 탈모, 상처, 옴(피부병)이 없는지 살핀다. 털에 벼룩이나 벼룩 똥이 묻었는지 찾아본다.
- 눈이 밝고 투명한지 본다. 눈물은 건강하지 못하다는 의미고, 전염성 질병의 일반적인 증상이기도 하다. 브리더가 얼렁뚱땅 넘어가거나 변명을 할 수도 있다. 눈은 동그랗게 분명히 뜨고 있어야 한다. 눈이 빨갛고 부어 있거나 가늘게 뜨고 있으면 안 된다.
- 영양 상태가 좋고 마르지 않았는지 살핀다. 털이 길면 알아보기 어려울 수 있다. 갈비뼈가 느껴지는지 확인한다.
- 엉덩이가 더러운지 본다. 고양이는 깔끔한 동물이므로 더러운 엉덩이는 좋은 징조가 아니다.
- 아파하거나 절룩거리는 증상 없이 잘 돌아다니는지 살핀다. 새끼 고양이는 활동적이어야 한다. 방문할 때마다 한 마리나 그 이상이 자고 있다면 나쁜 건강 상태나 선천적인 질병의 징후다.
- 숨 쉬는 데 어려움이 없는지, 코를 골거나 끙끙거리는 소리를 내는지 본다. 고양이는 코로만 숨을 쉰다. 아프거나 스트레스를 받을 때만 입으로 숨을

쉰다. 코에는 점액이나 딱지가 없어야 한다.

• 머리를 흔들거나 귀에서 냄새가 나지 않는지 살핀다.

옳은 결정을 내리기 위해 여러 번 방문하는 것을 브리더가 기꺼이 받아들이는지 본다. 바로 돈부터 받고 싶어 하거나 방문 당일에 고양이를 넘겨 주려는 사람은 경계한다. 고양이를 데리고 오기 전에 최소 세 번은 방문해서 모든 상태가 꾸준히 좋은지 확인한다.

품종묘를 키울 생각이라면 해당 품종의 건강 문제를 먼저 확인한다. 건강검진을 하지 않았다면 검사를 하고 결과를 기꺼이 알려주는 브리더를 선택해야 한다. 결과를 알려주지 못할 이유는 없으니 변명에 속지 않아야 한다. 다양한 품종이 있다고 광고하거나 같은 품종으로 엄청나게 많은 새끼 고양이를 번식하는 브리더는 피한다. 태어나는 새끼 고양이 수가 많으면 정서적으로 안정되기가 어렵다.

무엇을 살펴보고 무엇을 피할지에 대한 기초 지식을 얻었기를 바란다. 새끼 고양이를 돌보는 방법이나 고양이의 건강, 복지, 관리에 대한 정보를 원한다면 정확한 최신 자료를 제공하는 책이나 동물보호단체 사이트를 방문한다.

14

개, 고양이의 건강하고 행복한 삶을 위해 각 분야에서 해야 할 일

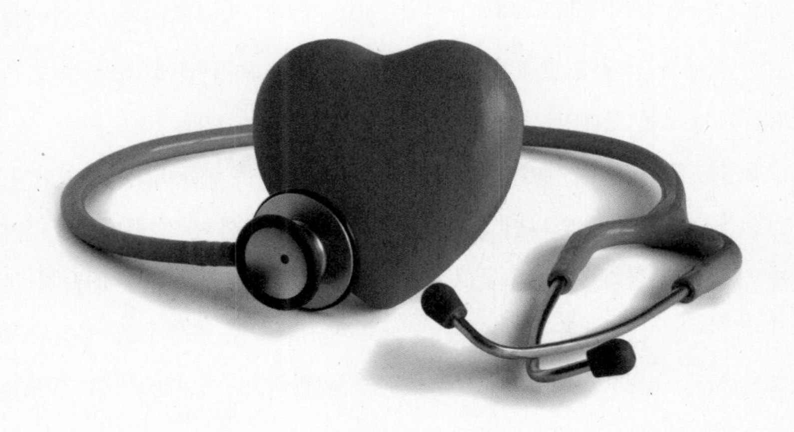

래브라도 강아지는 평생 장애를 갖고 살게 되었다

개와 고양이의 행복하고 건강한 삶을 위한 긴 여정이 막바지를 향해 달려가고 있다. 이제는 우리가 개, 고양이의 건강을 위해 무엇을 해야 하는지 더 깊이 알아볼 시간이다.

반려동물의 건강과 관련된 이해 관계자는 많다. 함께 열심히 노력하면 조만간 긍정적인 변화를 만들 수 있을 것이다. 유전적 질병을 검사하는 방법은 수없이 많고 계속해서 발전하는 중이다. 여기에 전부 다 언급하지는 않겠지만 일부 검사 방법은 1970년대 이후부터 영국에 존재했다. 그렇다면 브리더가 동물의 건강을 향상시키는 데 이용할 수 있는 검사가 이렇게 많은데 왜 품종 동물의 건강은 늘 똑같거나 더 나빠진 것처럼 보일까? 끔찍하게도 너무나 많은 브리더가 유전적 질병 검사를 하지 않고, 검사를 해도 결과에 상관없이 번식을 시키기 때문이다.

가장 오래된 검사는 고관절이형성증 검사다. 유전병에 대한 장에서 언급했듯 특정 품종에서 매우 일반적인 질병이다. 래브라도리트리버, 저먼셰퍼드가 대표적이다. 영국수의사회와 켄넬 클럽에서 이 검사를 진행하고, 결과에 대해 자세히 안내하고 있다. 모든 개가 이용 가능하고, 여러 품종의 고관절 건강 상태를 볼 수 있다.

검사는 엑스레이 사진을 찍은 뒤 정형외과 전문가에게 진단을 받는 방식으로 진행된다. 여러 요인을 확인하고 양쪽 고관절에 0점에서 53점까지 점수를 매긴다. 총점은 106점이다. 완벽한 고관절은 0점이므로 점수가 높을수록 상태가 나쁜 것이다. 품종별로 평균이 있고, 평균보다 나쁜 점수를 받은 개는 번식시키지 않도록 권고한다. 이렇게 하면 시간이 지나면서 좋은 고관절을 가진 개만 남아 번식될 것이다.

책을 쓰는 현 시점에서 저먼셰퍼드의 15년간 평균은 11점, 5년간 평균도 11점으로 같았다. 래브라도리트리버 또한 9점으로 같았다. 이는 심각한 질병인 고관절이형성증에 가장 많이 영향을 받는 두 품종의 고관절이 최근 몇 년 동안 나아지지 않았다는 의미다. 이 자료의 또 다른 문제는 평균이 품종 전체를 대변하지 못한다는 점이다. 엑스레이를 찍고 고관절에 문제가 있으면 정형외과 전문의에게 엑스레이 사진을 제출하여 진단을 받아야 하는데 그렇지 않은 브리더가 많다. 이미 결과가 좋지 않다는 사실을 알기 때문에 평가 비용을 아끼려는 것이다. 나쁜 고관절을 보고하지 않으면 평균에 포함되지 않고, 이로 인해 해당 품종의 평균이 실제 고관절 상태보다 나쁘게 나올 수 있다. 수의사와 브리더가 고관절 검사를 위해 촬영한 엑스레이 사진을 의무적으로 제출하도록 한다면 상황이 달라지고, 좀 더 정확한 자료가 될 것이다.

가장 큰 문제는 이 검사가 의무가 아니라는 점이다. 켄넬 클럽에 동물을 등록할 때 특정 검사를 의무적으로 해야 한다고 여러 번 건의했다. 브

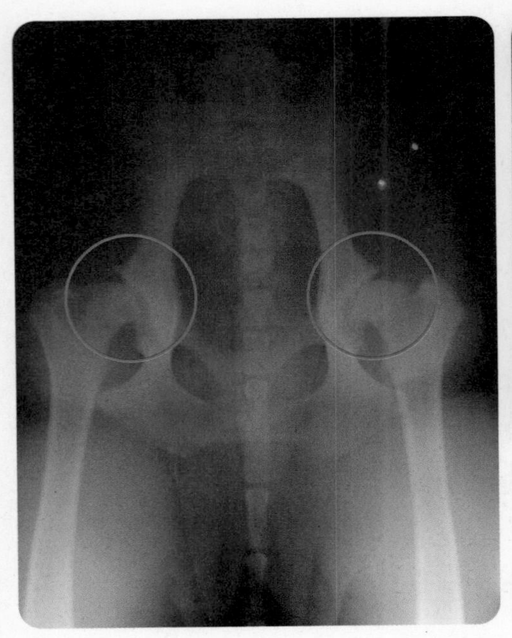

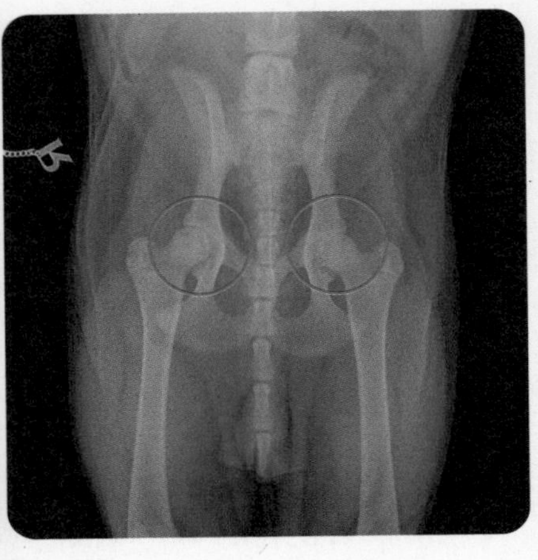

(위) 소켓 모양의 골반뼈 속으로 대퇴부의 머리가 편안하게 들어가 있는 정상 고관절.
ⓒ Andy Moores

(왼쪽) 고관절 점수를 96점 받은 래브라도의 엑스레이 사진. 고관절 상태가 최악이다.

리더가 켄넬 클럽에 래브라도리트리버 강아지를 등록할 때 부모 개의 고관절 점수가 없거나 평균보다 나쁘면 등록을 거절해야 한다. 그러면 브리더들은 등록되지 못해서 가치가 덜하거나 팔리기 어려운 강아지를 더 이상 만들지 않을 것이다.

반려동물이 아프면 가슴이 찢어지는 고통을 겪는 것은 결국 동물과 아무것도 몰랐던 보호자다. 병원에서 일할 당시 사랑스러운 래브라도를 첫 예방접종부터 쭉 진료했다. 보호자가 이 개를 번식시키고 싶어하자 우리는 고관절이형성증에 취약한 품종이니 고관절 검사를 권했다. 그런데 보호자가 이 질환에 대해 아무것도 몰라 정보를 전달한 후 생후 1년이 지나서야 엑스레이를 찍어보자고 했다. 우연인지, 소름 끼치게도 엑스레이를 찍기 일주일 전에 강아지가 뒷다리를 절기 시작했다. 엑스레이 사진을 확인해 보니 고관절 상태는 끔찍했고, 통증도 점점 분명해지고 있었다. 말했듯이 자료 수집이 중요하기 때문에 엑스레이 사진을 전문가에게 제출했고, 강아지의 고관절 점수는 거의 최악인 96점이 나왔다. 처참했다.

보호자는 화가 났고 우리에게도 엄청나게 화를 냈다. 악의가 있어서가 아니라 짜증이 났기 때문이다. 그는 상담실에서 악을 쓰고 씩씩댔다. 브리더에게 연락하니 예상대로 그 강아지의 부모는 고관절 검사를 받지 않았다. 어떻게 이런 일이 가능할까? 검사가 이렇게 중요한데 어째서 검사도 받지 않고 등록할 수 있었을까? 보호자가 나에게 물었지만 나 또한 10년 동안 갖고만 있던 질문이었기에 대답을 해 줄 수 없었다. 무지했거나 무신경했거나 이기적이었던 브리더 때문에 겨우 한 살인 어린 개가 평생 장애를 갖고 살게 되었다. 엑스레이 검사가 등록을 위한 필수 사항이라면 막을 수 있는 일이었다.

도그쇼에서 1등 한 셰퍼드는 절뚝거리면서 무대를 돌았다

저먼셰퍼드는 어떨까? 언급했듯 도그쇼에 나오는 저먼셰퍼드의 외형은 최근 몇 년 사이에 급격하게 변했다. 경사진 등과 기이한 걸음걸이 때문에 오리처럼 뒤뚱거리고 토끼처럼 뛴다. 도움 없이는 설 수 없을 것처럼 보일 때도 있다. 저먼셰퍼드의 고관절 평균 점수는 11점으로 지난 15년간 변하지 않고 있다. 2016년 크러프츠도그쇼에서 최고의 저먼셰퍼드로 뽑힌 개는 관중의 격렬한 항의를 받았다. 그 개가 무대를 돌 때 다리를 심하게 절뚝거렸기 때문이다. 브리더는 고관절 검사를 받았다며 상태가 좋다는 식으로 변명했다. 사이트에서 찾아보니 그 개의 고관절 점수는 13점이었다. 영국수의사회는 고관절 점수가 평균보다 한참 밑이 아니라면 번식시키지 말라고 권한다. 저먼셰퍼드의 평균은 11점이다. 13점은 그보다 높다!

그 브리더는 사이트에 이렇게 썼다. "모든 부모견의 고관절과 주관절 점수는 평균 안에 든다." 그러면서 고관절 점수가 20점 미만이라고 했다. 이 브리더는 영국수의사회의 통계를 완전히 다르게 해석했다. 그리고 그

원래 엉덩이가 높고 몸이 탄탄했던 저먼셰퍼드. © public domain

개가 얼마나 좋은 어미인지 자랑스럽게 말했다. 그 개는 이미 새끼를 낳은 경험이 있었고, 새끼 중 한 마리는 고관절 점수가 16점이었다. 어미보다 더 나빴지만 이 관대한 브리더의 기준에 따르면 여전히 괜찮은 점수였다.

웃어야 할지 울어야 할지 모르는 이상한 사례가 또 있다. 2016년의 저먼셰퍼드 논란 이후 켄넬 클럽은 저먼셰퍼드의 품종 기준에 내용을 추가했다. "덧붙여, 개가 편안하고 침착하게 아무 도움 없이 설 수 있는 능력이 중요하다." 지구상에서 가장 성공한 종인 개가 혼자 힘으로 설 수 있어야 한다는 말을 시간을 내서 쓰다니 기가 막힌다. 이는 불도그의 품종 표준에 쓰여 있는 "호흡곤란 징후는 매우 바람직하지 않다."라는 문장만큼이나 당연한 소리다. 저먼셰퍼드는 원래 보더콜리 같은 사역견이다. 매일 몇 시간을 뛰어야 하는 개가 다리를 저는데 이 문제를 도그쇼 업계에서는 용인한다. 다시 한 번 강조하지만 수십 년 전만 해도 저먼셰퍼드는 깊은 구렁으로 떨어질 듯한 경사진 등이 아니라 늑대나 코요테처럼 높은 엉덩이를 갖고 있었다.

새로운 체형 때문에 다리를 절게 된 현재의 저먼셰퍼드. © Adobe Stock

많은 나라에서 엑스레이 사진으로 고관절을 평가하는데도 여전히 고관절 검사를 비판하는 사람들이 있다. 일부 지역에서는 펜힙PennHIP이라는 다른 검사 방법을 사용한다. 엑스레이 평가가 기본이지만 뒷다리와 고관절을 다른 자세로 촬영한다. 펜힙을 지지하는 사람들은 이 방법이 고관절을 실제보다 더 나쁘게 평가할 가능성이 적어서 공정하다고 말한다. 즉, 기존에 사용하던 방법은 더 나쁘게 평가했을 수도 있다는 것이다. 시간이 지나고 증거가 모이면 명확해질 것이다. 명확성을 위해 이 두 가지를 결합해서 사용하게 될 수도 있다. 설령 현재의 검진법에 단점이 있더라도 나쁜 고관절을 찾아내서 번식에서 제외시킬 수 있으면 된다.

많은 사람들이 번식을 하려고 도그쇼에서 우승한 개를 찾는다. 하지만 건강하지 못한 개체, 특히 수컷은 결함이 있는 유전자나 기형 인자를 가진 수많은 후손을 남길 수 있다. 이를 유전적 병목genetic bottleneck 현상이라고 한다. 의심의 여지없이 도그쇼, 특히 세계 최대 규모의 도그쇼에서 우승한 개는 최고로 건강할 것이라 기대해야 하지만 현실은 그렇지 않다.

도그쇼에 건강검진과 번식 프로토콜이 도입되었다, 그렇지만…

2011년에 크러프츠와 다른 도그쇼에 건강검진이 도입되었다. 이 검진은 켄넬 클럽의 품종 감시 명단에서 범주 3의 품종만을 대상으로 한다. 켄넬 클럽의 품종 감시 명단은 모든 품종에 점수를 매겨서 1부터 3까지 범주를 나누었다. 범주 1은 아무 문제가 없는 품종, 범주 2는 몇 가지 문제가 있는 품종, 범주 3은 눈에 보이는 문제가 있거나 통증이나 불편을 야기하는 문제가 있는 품종이다.

쇼에 등록하는 개는 수의사의 검진을 받을 필요가 없지만 품종 중 최고로 뽑힌 개는 타이틀을 가져가기 전에 반드시 검진을 받은 다음 그룹 경쟁의 과정을 거쳐야 했다. 이 검사는 고통이나 불편을 야기하고 걷거나 움직이는 데 문제를 만드는 눈에 보이는 징후를 찾는다. 그런데 이 검사는 제대로 실행되지 않고, 품종 검사 목록도 완벽하지 않다. 2016년에 절뚝거리며 걷던 그 저먼셰퍼드가 세계에서 가장 큰 도그쇼에서 품종 중 최고로 뽑힌 후 다음 과정인 그룹 경쟁으로 문제없이 진출했다.

심지어 승모판 질환으로 앞에서 여러 번 언급된 캐벌리어스패니얼이 아무 문제가 없는 범주 1에 속한다. 어떻게 그럴 수 있을까? 현재 도그쇼의 수의사 검진에는 가슴 청진이 포함되어 있지 않다. 따라서 심장 질환 유병률이 아주 높은 이 품종이 건강에 아무 문제가 없는 품종이 될 수 있다.

캐벌리어의 승모판 질환을 줄이기 위해 브리더가 할 수 있는 일은 무엇일까? 1990년대 후반에 세계 각지의 심장 전문의가 모여 캐벌리어의 승모판 질환을 없애거나 줄이기 위한 번식 프로토콜을 만들었다. 프로토콜에 따르면 캐벌리어는 2살 반이 지난 후에 번식시켜야 하며, 심장은 당연히 깨끗해야 하며(예를 들어, 심장잡음이 없어야 함), 그 개의 부모견도 5살에 심장이 깨끗해야 한다. 전문가들은 캐벌리어가 5살이 될 때까지 번식시켜서는 안 된다고 생각했지만 사람들이 받아들일 수 있는 수준인

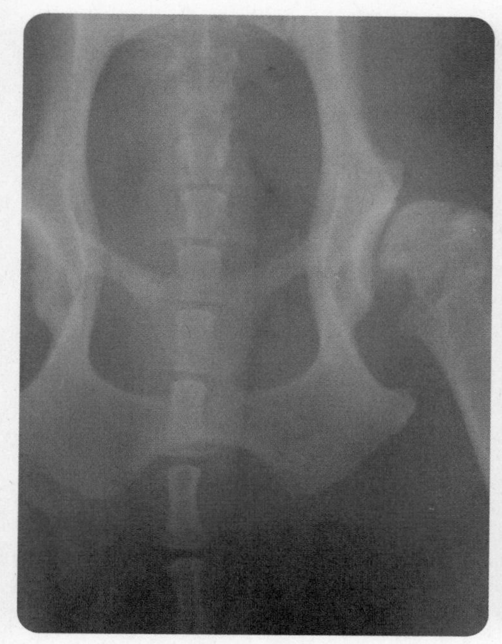
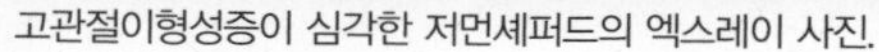

고관절이형성증이 심각한 저먼셰퍼드의 엑스레이 사진.

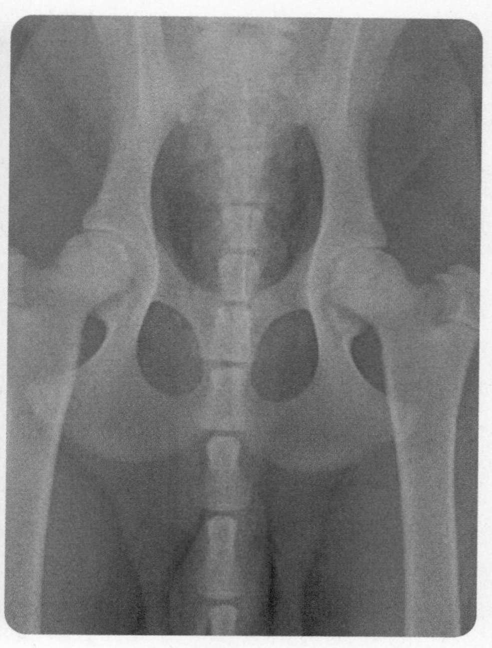

정상 고관절. © Andy Moores

2살 반으로 낮춘 것이었다. 거의 모든 캐벌리어가 10살이 되면 승모판 질환에 걸리고 절반은 그로 인해 사망하는 상황이니 브리더들은 당연히 이 프로토콜을 즉각 환영하고 사용하기 시작했을 것이라 생각할 것이다. 과연 그랬을까?

2017년 크러프츠도그쇼에서 최고의 캐벌리어로 뽑힌 개의 나이는 고작 2살 반이었다. 켄넬 클럽 사이트에 따르면 그 개는 이미 영국에서 7마리의 암컷과 짝짓기를 했고 새끼를 23마리나 본 아빠였다. 첫 교배는 한 살 무렵이었다. 심지어 이 개와 두 번째로 교배한 암컷의 보호자는 캐벌리어 클럽의 건강 담당자였다. 이런 사람도 프로토콜을 따르지 않는데, 이 품종을 갖고 싶어 하는 사람들에게 뭘 바랄 수 있겠는가.

이런 촌극이 벌어진 뒤 '캐벌리어는 특별하다'라는 단체의 사람들은 이런 상황이 예외적인 것인지 파헤치기 시작했다. 그리고 그 결과를 밝혔다.

우리는 올해 크러프츠에서 최고의 품종으로 뽑힌 개가 어째서 규칙에 예외를 적용받았는지 의아했다. 정상급 브리더와 품종협회 임원이라면 사람들에게 모범을 보여야 하는 것 아닌가. 우리는 부모 중 한쪽 또는 양쪽이 2살 반 미만일 때 번식을 시키는 경우가 있었는지 알아보기로 했다.

캐벌리어 클럽은 그 해에 획득한 점수에 근거해 트로피를 수여한다. 수상 분야는 가장 많은 점수를 받은 개, 최고의 종견, 최고의 모견이다. 최고의 번식견은 자견이 받은 점수를 기준으로 한다. 2012년부터 2016년까지 3개 분야에서 최고의 캐벌리어로 뽑힌 개들(114마리)이 새끼를 낳은 나이를 분석했다.

최고의 캐벌리어들은 5년간 755마리의 새끼를 낳았다. 그중 부모의 나이가 한쪽 또는 양쪽이 2살 반 아래인 경우는 30퍼센트였다.

또한 우리는 강아지의 주인이 캐벌리어 클럽의 전현직 위원이나 임원, 전현직 공인 코디네이터(특정 품종의 구매자와 브리더를 연결하는 사람_옮긴이 주)인 경우를 조사했다. 총 345마리의 강아지가 이들 소유였고, 이들이 소유한 강아지의 39퍼센트가 한쪽 또는 양쪽 부모의 나이가 2살 반 미만이었다. 반면에 일반 브리더가 번식 가이드라인을 따르지 않는 경우는 단 23퍼센트였다.

변화를 일으킬 수 있고 그래야만 하는 사람들이 품종 전체는 고사하고 자신이 소유한 개의 건강도 보호하려 하지 않았다. 조사에 따르면 영국의 브리더 중 4퍼센트만이 이 프로토콜을 지키고 있었다.

앞에서도 밝혔지만 영국은 유전병에 취약한 품종 개들의 기대수명이 낮아지고 있다. 대조적으로 덴마크 켄넬 클럽과 캐벌리어킹찰스스패니얼 클럽은 2002년부터 심장 검사를 의무화하면서 변화가 나타나고 있다. 청진과 초음파 둘 다 사용하는 프로토콜로 자세한 내용이 사이트 cavalierhealth.org에 공개되어 있다.

> 이 프로토콜은 기존의 이첨판폐쇄부전증/승모판 질환 프로토콜을 수정한 것이다. 번식용 암컷과 수컷은 생후 18개월째나 그 이후에 덴마크 켄넬 클럽이 인증한 수의사로부터 청진과 심장 초음파 검사를 받아야 한다. 승모판 질환이 없는 것으로 확인되면 번식 증명서가 발급되고, 개의 나이가 생후 4년 1개월이 될 때까지 유효하다. 만약 그 나이 이후 개를 번식시키려면 다시 검사를 받아 승모판 질환이 없는 것을 확인하고 증명서를 받아야 한다. 두 번째 증명서는 암컷의 경우 평생, 수컷의 경우 생후 6년 1개월이 될 때까지 유효하다. 수컷은 생후 6년 1개월 이후에 번식시키려면 재검사를 거쳐 세 번째 증명서를 받아야 한다.

이런 프로토콜 덕분에 덴마크 켄넬 클럽은 2002년부터 2011년 사이에 승모판 질환의 위험성을 무려 71퍼센트나 줄였다. 같은 시기에 이 프로토콜을 따르지 않은 개의 심장병 발병은 감소하지 않았다. 이렇게 중요한 건강검진을 의무적으로 시행하게 하려면 까다로운 논의를 거쳐야 한다.

영국수의사회와 켄넬 클럽은 고관절 검사 외에도 주관절이형성 검사, 유전적 안과 질환을 확인하는 검진도 안내하고 있다. 최근에는 티컵 개와 초대형견에게 위험한 후두공이형성 및 척수공동증 검진을 실시한다.

좋은 브리더란

동물복지 평가를 할 때 건강 문제를 파악하려면 그 질병이 얼마나 흔한지, 얼마나 많은 고통을 유발하는지, 얼마나 오래 지속되는지 보면 된다. 예를 들어 절반 이상의 단두개종이 평생 동안 호흡곤란에 시달린다면 이 문제가 복지에 미치는 영향은 상당히 크다. 하지만 어떤 품종이 16살에 심장마비로 사망하는 비율이 몇 퍼센트 되지 않는다면 복지에 미치는 영향은 적다.

후두공이형성과 척수공동증을 앓는 개는 중증이 되면 심각할 정도의 견딜 수 없는 통증을 느끼는데, 게다가 평생 지속된다. 건잡을 수 없는 통증 때문에 개를 안락사시키는 경우가 많아서 수명을 매우 단축시킨다. 이 병은 특히 아무런 증상을 보이지 않는 개에게서 유병률이 높기 때문에 브리더가 조치를 취해야 한다. 검사를 해보지 않는다면 개가 아무 증상 없이 결함을 후대에 물려주고 있음을 알 방법이 없다.

2012년에 시작된 후두공이형성과 척수공동증 검진은 두개골과 뇌, 척수 상단을 MRI 촬영을 한다. 각각의 병은 0에서 2등급까지 등급을 매긴다. 검사는 한 살, 3살, 5살에 하는 것을 추천한다. 그런데 이 검사를 받는 경우는 드물고 일부 브리더는 오직 그들만 아는 이유로 검사를 적극 보이콧한다. 검진 가격이 너무 비싸다고도 한다. MRI 촬영 비용은 한 번에 70만 원 정도다. 인터넷에서 캐벌리어 강아지의 가격을 찾아보니 90만 원에서 220만 원 사이이다. 충당할 수 있을 것 같은데….

2017년 7월까지 영국수의사회와 켄넬 클럽을 통해 캐벌리어킹찰스스패니얼 413마리가 검사를 받았다. 5년 동안에 고작 413마리라니. 같은 시기에 켄넬 클럽에 등록된 캐벌리어 강아지는 2만 마리였다. 2015년 켄넬 클럽은 검사 수를 늘리기 위해 과거에 촬영한 MRI 영상을 제대로 평가받고자 하는 사람들을 위해 약 4500만 원을 책정했다. 그런데 지금까지 다시 평가를 받은 영상은 19개뿐이다.

수의사로 일하면서 브리더는 동물을 사랑하고 돈 때문에 이 일을 하는 건 아니라고 말하는 사람들이 많았다. 일부는 분명 사실이다. 나도 동물의 건강을 위해 헌신하고 건강한 새끼를 얻기 위해 모든 노력을 다하는 브리더들을 안다. 하지만 나를 포함한 많은 수의사들의 경험, 품종협회나 도그쇼 우승자도 검사하지 않는 것을 보면 슬프게도 동물을 사랑하는 브리더는 소수인 것 같다.

유전병에 대한 연구를 지속적으로 수행하는 애니멀헬스트러스트Animal Helath Trust에서는 앞선 검사 외에도 다양한 품종의 여러 가지 유전자 검사가 가능하다. 좋은 브리더라면 해당 품종의 잠재적 문제를 알아야 하고, 어떤 검사로 그 문제를 찾아낼 수 있는지 알아보고, 가능한 검사를 통해 검사 결과를 정직하게 공개할 의지가 있어야 한다. 애니멀헬스트러스트 사이트에서 품종별 질병과 가능한 검사 목록, 그 밖의 여러 정보를 알아볼 수 있다.

현재 수많은 동물 질병이 연구되고 있고, 사람 질병에도 적용이 가능한 유전적·의학적 연구가 광범위하게 이루어지고 있다. 이는 해당 품종에 드물고 중요하지 않은 질병이라도 검사가 가능하다는 의미다. 별 도움이 안 되는 정보라고 생각할 수 있지만 일단 알아두기를 바란다. 브리더가 해당 품종에 대해 모든 검사를 다 받지 않았다고 평가절하 하지 말고, 어떤 검사를 받았는지, 왜 받았는지, 가능한 검사는 무엇인지 확실히 물어본다. 브리더들이 검사 종류가 무엇이고, 해당 품종은 어떤 검사가 가능한지 모른다면 경계심을 가져야 한다.

보호자가 질병에 대한 이해가 부족하면 동물의 병이 깊어진다

범주 3으로 돌아가 건강 상태가 좋지 않은 품종의 전형인 단두개종을 살펴보자. 불도그, 퍼그, 페키니즈는 현재 범주 3에 속한다. 프렌치불도그는 어떤 이유에선지 포함되지 않았다. 단두개종의 폐쇄성 호흡기 증후군과 호흡 문제에 관한 연구가 많이 진행되고 있다. 개가 숨을 잘 쉬고 문제가 없어 보여도 눈, 이빨, 척추, 피부, 난산 등 다른 여러 가지 문제도 중요하다.

전 세계의 많은 대학에서 이 문제에 주목하고 있고, 문제를 객관적으로 평가하기 위한 다양한 접근법이 시도되고 있다. 3장에서 언급한 케임브리지 대학의 연구는 호흡곡선 측정 시 체적 변동 기록법WBBP, Whole Body Barometric Plethysmography을 사용했다. 개를 사방이 막힌 크고 투명한 상자에 넣고 숨 쉴 때 상자 내 공기의 움직임과 압력을 측정하는 방법이다. 완전히 비침습적인 방법이며 다양한 단두개종의 연구가 가능하다. 그들의 호흡 패턴을 크기가 비슷한 다른 품종견, 잡종견과 비교할 수도 있다.

이외에도 연구팀은 단두개종 폐쇄성 호흡기 증후군의 전반적인 등급을 나누기 위해 다른 여러 가지를 조사했다. 운동내성 검사 전후로 개를 살펴보고, 체온과 몸 상태(과체중 여부), 흥미롭게도 호흡 문제에 대한 주인의 인식까지 광범위한 이력을 조사했다. 각각의 개에게는 0에서 3까지 등급을 매겼는데, 0등급은 단두개종 폐쇄성 호흡기 증후군이 전혀 없고, 1등급은 약간 있지만 임상 증상이 없다. 2등급에서 3등급으로 갈수록 상태가 점점 심각해지고, 3등급이 되면 치명적인 수준의 폐색이 오는 정도다. 이 연구의 결과는 참담했다.

단두개종이 아닌 개들은 전반적으로 0등급이었다. 임상적으로도 폐쇄성 호흡기 질환이 없었고, 예상한 것처럼 질병도 없었다. 다시 말해 정상적으로 호흡하는 능력이 있었다. 그런데 불도그의 50퍼센트, 프렌치불도그의 58퍼센트, 퍼그는 무려 64퍼센트가 2~3등급을 받았다. 이들은 호흡으로 인한 고통이 있어서 조치가 필요하다는 의미다. 3등급의 경우는 생명이 위험하기 때문에 즉각적인 수술이 필요할 수도 있다. 이런 상황에서 향후 20세대 정도가 지나가는 동안 형태가 점진적으로 변하도록 내버려둘 수 없다. 지금 당장 고심해야 한다.

앞에서도 언급했지만 폐쇄성 호흡기 증후군을 앓는 단두개종을 키우는 사람 중 60퍼센트는 아무 문제도 눈치 채지 못했다. 무서운 일이다. 코를 많이 골고 헐떡이는 모습의 퍼그를 보고 '정상'이라고 여기는 인식 때문이다. 보호자의 질병에 대한 이해가 부족하면 많은 동물이 병이 깊어지기 전까지 치료를 받지 못하고, 뒤늦게 치료를 받아도 결과가 좋지 않을 가능성이 높다.

또한 한 연구는 불도그와 퍼그가 정상적인 동물보다 비만이 될 가능성이 훨씬 높고, 퍼그의 62퍼센트는 임상적으로 비만이라고 밝혔다. 견종 표준서에 따르면 이 품종들은 군살이 없거나 다리가 길면 안 된다. 다시 말하면 군살이 있고 다리가 짧아야 한다. 이러다 보니 퍼그는 원래 그렇게 보여야 하기 때문에 발병해도 보호자의 잘못은 아니라고 생각한다. 슬프게도 인간과 동물 모두 비만이 운동부하와 열 조절에 미치는 영향은 매우 잘 알려져 있다. 호흡이 어려운 동물에게 이런 스트레스까지 더해지면 삶은 끔찍해진다.

운동 검사는 모든 단두개종이 받으면 좋은 기능 검사다. 앞서 언급한 연구에서는 동물을 3분간 빨리 걷게 했다. 나라별로 방법이 조금 달라서 독일과 핀란드는 일정 시간 동안 1킬로미터를 걷게 했다. 그런데 몇몇 보호자와 브리더는 검사가 너무 힘들다고 불평했다. 어떤 개가 3분간 빨리 걷거나 10분간 1킬로미터 걷는 걸 힘들어한다면 건강 문제가 있는지 심각하게 생각해야 한다.

질병이 있는 품종 대부분의 근본적인 문제는 유전자 풀이 너무 좁다는 점이다. 단두개종 연구에서 퍼그의 10퍼센트 이하, 프렌치불도그의 10퍼센트 정도만 폐쇄성 호흡기 증후군 평가에서 0등급을 받았다. 관대하게 봐서 1등급까지 교배를 시킨다고 해도 유전자 풀은 50퍼센트 또는 그 이상 줄어든다. 이렇게 되면 결국 어떻게 될지 아무도 모른다. 이계교배를 하거나 품종 자체를 금지하는 게 빠른 해결책일 수 있다. 아니면 번식을 하거나 도그쇼에 참가할 때 기능 검사를 의무적으로 받게 하는 방법도 있다.

건강검진 외에도 입법자, 켄넬 클럽, 고양이애호가협회, 보험회사, 수의사, 보호자까지 모두가 동물들의 건강한 삶을 위해 할 일이 있을 것이다. 차례대로 알아보자.

법 : 번식에 대한 강력한 법이 필요하다

2016년 스위스에서 페르시안고양이 브리더 2명이 관련 법에 따라 기소되었다. 학대번식Qualzucht법은 취지가 잘 반영된 강력한 이름이다. 현재의 학대에 가까운 품종 교배 방식으로 태어나는 많은 품종 개와 고양이는 고통받기 위해 태어나는 것과 다름없다. 그들은 인간이 심어놓은 유전자와 인간이 원하는 외모 때문에 매일 고문당한다. 고통받을 가능성이 있는 동물을 만드는 것은 동물에게 신체적인 폭력을 가하는 행위와 마찬가지로 법으로 금지해야 한다. 어떤 수단으로든 생명체에게 고통과 괴로움을 가한다면 책임을 져야 한다. 현행법은 임신 초기의 배아에는 적용되지 않는다. 하지만 심각한 질병을 초래할 확률이 높은데도 번식을 시키는 행위는 고발당해야 한다.

반려동물보호를위한유럽협약European Convention for the Protection of Pet Animals은 1987년에 만들어졌다. 많은 나라가 서명하고 비준했다. 이에 따라 극단적인 신체 변형을 막고 최악의 범죄자를 기소할 수 있게 되었다.

그런데 슬프게도 영국은 참여하지 않았다. 한 신문 기사에 따르면 "협약에서 도입한 학대번식법에 의해 품종견 번식이 제한된다고 믿는 사람들의 로비" 때문이었다고 한다. 그들도 무언가 심각하게 잘못되었다는 사실을 알아서 학대번식으로 고소당할지 모른다는 걱정을 했을 것이다.

누구나 '금지'라는 말을 싫어한다. 하지만 인간은 지금은 받아들이지 않는 많은 것을 금지해 왔다. 노예제도, 공공장소에서의 흡연, 음주운전, 휴대전화 보면서 운전하기, 사형, 곰 사냥, 닭싸움 등 끝이 없다. 어떤 것이 중요한 범죄인지는 사람들의 관점에 따라 달라진다. '맹견법'은 형편없는 법이다. 이 법은 몇몇 품종을 금지하는 것이 불가능함을 알렸다면 질병에 취약한 품종의 문제는 이제 한계에 도달했다. 건강검진, 이계교배 등 건강과 복지에 필요한 모든 것을 법으로 의무화해야 한다. 이로 인해 어떤 품종이 사라진다면 그렇게 두어야 한다. 인간이 그들을 만들었으니 떠나보낼 수도 있어야 한다.

영국은 스스로 대단한 동물복지의 리더라고 생각하지만 어처구니없게도 많이 뒤처져 있다. 모든 반려동물을 의무적으로 등록하도록 법을 만들면 적어도 등록번호를 통해 추적이 쉬워진다.* 몇몇 국가에서는 품종동물을 소유하기 전에 그 품종에 대한 지식을 얼마나 갖추고 있는지를 보여 주는 증명서를 제출해야 한다. 정말 얼마나 훌륭한 제도인가. 품종에 대해 제대로 교육받지 못한 사람을 왜 그 품종을 선택했냐고 체포할 수는 없다. 마치 면허시험도 치르지 않고 위험 운전을 했다고 유죄를 선고하는 격이니까. 품종에 대한 지식이 풍부함을 증명하는 증명서는 예비 보호자가 그들이 원하는 품종에 대한 시험을 통과하거나 충분한 지식을 갖추었음을 증명해야 하는 좋은 제도다.

개나 고양이를 번식하는 브리더가 되려는 사람에게 자격시험과 정기점검을 요구하는 법을 만드는 것도 합리적이다. 강아지 공장을 엄중히 단속하기 위해 전 세계적으로 할 수 있는 일이다. 각 브리더(번식업자)가 등록번호를 발급받아 모든 강아지 광고에 기재한다면 투명성을 높일 수

* 영국은 2016년부터 내장형 마이크로칩을 통한 동물 등록이 의무지만 개에게만 국한되어 있다. 또한 개를 키울 자격을 심사하는 개 면허제Dog licence가 현실성 부족 등의 이유로 1987년에 폐지되었다._옮긴이 주

있을 것이다. 개번식개혁그룹Dog Breeding Reform Group 등은 이러한 문제를 개선하는 데 헌신하는 단체다. 그들이 고안한 개 번식에 관한 종합적인 기준은 사이트에서 볼 수 있다. 이것이 브리딩 법의 기준이 될 수 있다.

건강 질환이 심각한 품종을 광고나 마케팅에 사용하지 않도록 하는 규칙도 바뀌어야 한다. 금지할 품종 명단을 합의하에 만들고 수의학 전문가가 점차 발전시키면 된다. 기이하게 생기고 질병에 걸린 동물을 광고에 사용하는 것은 혐오스러운 일이다. 또한 그런 동물의 빈번한 미디어 노출은 그 품종에 대한 수요를 늘릴 가능성도 있다.

수의사가 법을 만드는 입법 과정에 참여하면 힘이 실리고, 사람들이 실제 수의사의 말에 귀를 기울일 것이다. 수의사는 동물복지 문제를 누구보다 잘 이해하도록 폭넓게 훈련받았다. 하지만 슬프게도 사람들은 전문가보다 돈 많고, 목소리가 크고, 유명한 일부 사람들의 말에 귀를 기울인다.

이 책의 출간을 앞둔 2018년 말, 영국에 새로운 법이 생길 수 있다는 소식이 들렸다. 여기에는 강아지 판매와 번식 자격 강화뿐만 아니라 학대번식법처럼 새끼 동물들에 대한 법도 포함될 가능성이 있다. 제발 그렇게 되길 바란다.*

세계소동물수의사회에서 독립적인 전문 수의 자문단을 만들어서 전 세계의 모든 품종 기준을 검토해야 한다. 이들이 유전병을 야기하는 번식 방식, 야생의 갯과, 고양잇과와 비교되는 품종 동물의 극단적인 변형

---

* 영국은 2018년 10월부터 생후 12개월 이하의 강아지를 판매 목적으로 3마리 이상 번식하려면 자격증이 있어야 한다. 개 판매업자도 자격증이 있어야 하며, 복지 수준과 번식 과정을 평가해서 좋은 브리더를 가려내는 시스템을 도입했다. 2020년 4월부터는 제3자가 생후 6개월 미만의 개, 고양이를 팔 수 없는 일명 '루시법'이 제정되었다. 2013년에 비참한 강아지 공장에서 구조된 루시를 계기로 만들어졌다. 영국 이외의 많은 나라에서도 강아지 공장에서 생산된 동물을 펫숍에서 판매할 수 없도록 하는 추세다._옮긴이 주

과 비정상적인 신체를 표현하는 견종 표준서의 모든 문장을 확인해서 기준을 빼고 바꾸거나 즉시 폐지해야 한다. 신체적 또는 유전적으로 비정상을 만드는 선택은 도덕적으로 변명의 여지가 없다.

켄넬 클럽과 품종 동호회 : 도그쇼에 나가려면 건강이 우선이라고 생각할 수 있는 규정을 두어야 한다

지금까지 헛수고한 느낌이다. 켄넬 클럽은 동물들의 건강과 복지에 큰 변화를 줄 수 있지만 그렇게 하지 않았다. 지난 10년간 몇 가지 긍정적인 일을 했지만 훨씬 더 많이 해야 했다. 협회는 검사를 브리더의 재량에 맡기는 게 최선이라고 반복적으로 이야기한다. 하지만 변화를 만드는 데는 절대적으로 실패하고 있다. 다른 나라의 품종협회와 켄넬 클럽은 다양한 질병과 기능 검사를 의무화해서 변화를 만들어 내고 있다. 다행히 최근 영국 켄넬 클럽이 마침내 덴마크를 따라 심장 검사를 도입할 예정이다. 인증된 브리더는 의무적으로 검사해야 한다고 하니 그나마 기쁜 소식이다. 인증된 브리더뿐만 아니라 켄넬 클럽에 강아지를 등록하려는 모든 캐벌리어 브리더에게 적용되기를 바란다.

켄넬 클럽은 이런 의무조항을 자꾸 만들면 브리더들이 음지로 숨을까 봐 걱정스럽다는 핑계를 자꾸 댄다. 오히려 동물의 건강과 복지에 대한 문제가 더 생길 수 있다고 한다. 켄넬 클럽은 모든 개의 건강과 복지를 염려하는 기관이다. 만약 건강검진과 기능 검사 도입으로 질이 나쁜 브리더들을 잃는다면 잃어도 된다. 남은 브리더들은 최고가 될 것이다. 켄넬 클럽에는 자체적으로 브리더를 인증하는 시스템이 이미 있다. 모든 브리더에게 질병과 기능 검사를 의무로 하고 가끔 사고로, 의도치 않게 태어나는 강아지들의 등록을 막는 게 낫지 않을까? 켄넬 클럽은 강아지 공장을 없앨 계획이라고 한다. 하지만 규모가 큰 생산업자가 강아지를 등록하는 것도 강아지 공장이라고 봐야 한다. 켄넬 클럽의 모든 브리더에게 제대로 된 인증을 받게 하는 게 강아지 공장을 없애는 길이다. 처음에는 켄넬 클럽 회원수가 줄겠지만, 곧 번식 기준과 동물의 건강이 놀랍도록 빠르게 향상될 것이다. 켄넬 클럽은 좋지 않은 브리더를 보호하는 영리단체가 아니다.

수의사의 검진도 의무사항이 되어야 한다. 크러프츠뿐만 아니라 모든 도그쇼에 참가하려면 수의사의 검진을 통과하도록 해야 한다. 범주 3뿐만 아니라 모든 동물이 검사를 받아야 한다. 정상적으로 걸을 수 없고, 정상적으로 숨 쉴 수 없고, 질병의 징후가 있는 동물이 도그쇼에 나가는 것을 막아야 한다. 호흡곤란이 있는 프렌치불도그가 도그쇼에 참가하려면 검진이 필요한 게 당연한 거 아닌가? 이런 검진을 하는 수의사는 각국 수의사회에서 임명해야 한다. 그래야 켄넬 클럽, 브리더, 쇼 참가자들로부터 독립성을 지킬 수 있다.

가장 건강한 개가 쇼에서 우승해야 한다. 2017년 크러프츠에는 단두개종의 심사가 몰린 날이 있었는데 단두개종이 모여 있는 공간은 개들의 호흡을 돕기 위해 난방을 껐다는 보도가 있었다. 건강 문제는 절대로 숨겨서도, 동물이 고통받도록 해서도 안 된다. 현재 상황은 비극 그 자체다. 품종 동호회도 심장 질환을 피하기 위해 심장 전문의들이 만든 심장 검사 프로토콜을 따르고 홍보해야 한다.

켄넬 클럽은 특정 품종에 문제가 있음을 솔직하게 밝히고 건강이 뚜렷하게 향상되었음을 밝히기 전까지 범주 3에 있는 어떤 품종도 도그쇼에 참가할 수 없다는 규정을 도입해야 한다. 현재 켄넬 클럽은 캐벌리어킹찰스스패니얼조차 문제라고 생각하지 않으니 모든 품종에 적용해도 될 것이다. 이를 통해 도그쇼에 나가려면 동물의 건강을 우선으로 해야 한다고 생각하게 해야 한다.

보험회사 : 특정 품종에게 나타나는 질병과 교정수술에 드는 비용은 보장하지 않는다

보험회사는 두 가지에 매우 엄격해야 한다. 첫째, 이미 많은 나라에서 하듯 특정 품종에 있어 교정수술을 받는 데 드는 비용을 보장하지 않아야 한다. 단두개종의 폐쇄성 호흡기 증후군 수술, 닥스훈트의 척추수술 등이 그 예다. 냉혹하게 들릴지 모르지만 품종이 가진 질병과 교정수술로 보험료가 높아지면 보험사와 다른 가입자들에게 부담을 준다. 품종 동물을 사지 말라고 말릴 때 돈 이야기는 좋은 시작점이 된다. 별나고 인기 많고 질병이 있는 동물보다 건강한 동물을 선택하도록 장려해야 한다.

둘째, 보험회사는 개, 고양이가 병원에서 첫 건강검진을 받을 때 그 품종에서는 정상처럼 보이지만 일반적으로 비정상, 질병, 기형인 것을 체크해 달라고 이야기해야 한다. 단두개종 폐쇄성 호흡기 증후군과 관련한 비공협착, 부정교합, 연골위축증, 다이아몬드 눈 등이다. 이렇게 하면 보호자도 앞으로 동물에게 생길지도 모르는 문제를 인식할 수 있고, 기형과 질병을 정상으로 보는 시각도 교정할 수 있다.

수의사 : 건강하지 못한 삶을 사는 품종에 대해 수의사가 앞장 서서 알려야 한다

수의사들도 이런 문제를 정상으로 보면 안 된다. 솔직히 수의사도 일반인들처럼 익숙해지고 있다. 그러면 안 된다. 수의사는 보호자와 브리더보다 이 문제를 제대로 볼 수 있어야 한다. 수의사는 늘 보호자가 동물을 데려온 후 만나기 때문에 계속 지는 싸움을 할 수밖에 없다. 건강하지 않은 품종을 선택한 것이 전적으로 보호자의 잘못이 아니므로 수의사는 친절하고 요령 있게 설명하려고 한다. 하지만 병원을 찾아오는 브리더는 다르다. 좀 더 솔직해지자. 동물의 건강을 위해 최선을 다하지 않은 브리더는 잃어도 된다. 모든 수단을 동원해 그들을 바꾸려고 노력해야 하지만 통하지 않는다면 헤어질 수 있어야 한다.

수의사는 동물을 데려오기 전의 보호자에게 조언하는 데 집중해야 한다. 예비 반려인을 모아 인기 품종의 건강 문제에 대해 설명한다. 특히 단두개종은 인기 품종이기 때문에 당장 짚고 넘어가야 한다. 극단적인 신체 변형이 동물의 삶에 미치는 영향을 보호자에게 잘 전달해야 한다.

소셜 미디어에서 기형적인 동물을 홍보하지 않도록 막는 일에 수의사도 앞장 서야 한다. 많은 동물병원이 페이스북에 귀엽고 사랑스러운 프렌치불도그가 깁스를 한 사진을 올린다. 그러면서 그 품종의 질병과 고통은 지적하지 않는다. 수의사와 간호사가 건강이 나쁜 품종을 사서 번식시키기도 한다. 다른 분야의 사람들을 욕하기 전에 내 옆의 수의사부터 의심해 봐야 한다.

수의사가 켄넬 클럽에 등록된 동물에게 교정수술과 제왕절개수술을 하면 켄넬 클럽에 알려야 한다. 단두개종에 특화된 동물병원이 수술을 많이 하고도 보고하지 않는 경우가 많다. 켄넬 클럽과 영국왕립수의사회 등에서 면밀히 조사해야 한다.

보호자 : 당장 큰 변화를 만들 힘이 있는 사람들

고양이와 개의 건강을 변화시킬 방법은 많은데 이와 관련된 일을 하는 사람들이 너무 느리게 행동한다. 하지만 보호자는 지금 당장 변화를 만들 힘이 있다. 동물을 올바르게 선택함으로써 하룻밤 새 동물복지를 개선할 수 있다. 소비자는 무한한 힘을 갖고 있고 행사할 수 있다. 그래서 병을 지닌 품종에 대한 수요가 곤두박질치면 장기적으로 좋은 변화가 생길 수 있을 것이다.

15

보살피고, 보호하고, 해치지 않을 거라는 믿음

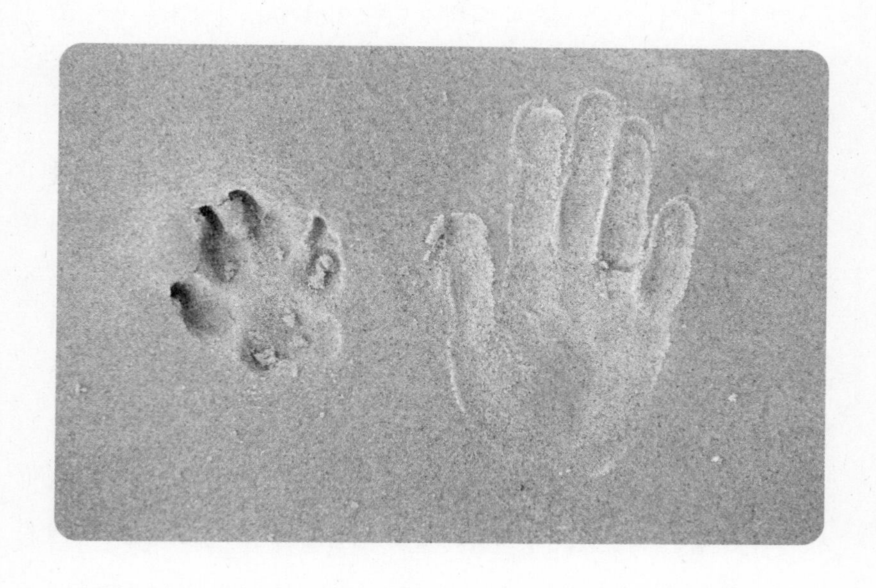

콜린스 온라인 사전은 친구란 유대감, 애정, 충성심을 가진 존재라고 정의했다. 대다수의 사람이 반려동물을 이런 존재로 여긴다. 많은 이들에게 반려동물은 가족의 일원이다. 또한 반려동물을 아이처럼 보는 것에 대해 사람마다 의견이 다르겠지만 어떤 면에서는 정말 아이 같다. 그들은 우리에게 모든 것을 의존하니까. 우리는 동물들이 우리를 믿도록 가르친다. 보살피고, 보호하고, 해치지 않을 거라고 믿게 한다.

반려동물, 아이들과 함께하는 삶은 상호간 신뢰와 존중에 기초해야 한다. 가능하면 아무도 불행을 겪지 않는 관계여야 한다. 우정 안에서 모두 행복해야 한다.

책을 시작할 때 이야기한 것처럼 개, 고양이와 우리의 멋진 우정은 수만 년 넘게 이어져 왔다. 하지만 지금은 학대 관계가 되었고, 이 모든 학대는 인간에게서 시작되었다. 여기서 말하는 학대란 흔히 생각하는 그런 의미의 신체적 학대가 아니다.

신체적 학대만큼이나 냉혹한 학대에 대한 이야기다. 사람들은 개와 고양이 품종이 아주 오래되었다고 생각하지만 실제로 인간이 아름다운 우정을 깨고 품종을 만들어 낸 지는 얼마 되지 않는다.

동물을 기분에 따라 멋대로 만들고 싶어 하는 욕망 때문에 우리는 동물 친구들을 완전히 실망시켰다. 진정한 친구는 서로를 깊이 아끼고, 서로의 건강과 장수를 바란다. 그래야 더 많은 시간을 함께 보낼 수 있으니까.

고통의 주된 원인은 건강이 아닌 외형에 기반한 품종 표준임이 명백하다. 실제로 많은 선진국에서 품종 동물이 잡종 동물보다 많으며 이는 고통의 최대 원인이 된다.

견종 표준서는 동물에게 기형과 결함을 요구한다. 이는 도덕적으로 옳지 않다. 동물의 외모보다 당연히 건강과 기질을 우선시해야 한다. 조금 큰 개와 작은 개, 털이 약간 다른 개를 키울 수는 있다. 하지만 외모에 맞춰 번식하는 것은 멈추어야 한다. 13장에서 말했듯 우리는 품종 고양이가 필요하지 않다. 지금 바로 미친 짓을 멈춰야 한다. 고양이는 새로운 환경에 훌륭하게 적응한 튼튼한 동물이다. 인간이 무슨 짓을 해도 고양이의 지금 모습보다 더 좋을 수는 없다. 그러니 품종개량의 시도를 멈춰야 한다. 페르시안이나 먼치킨 고양이, 극단적인 모습의 품종견을 번식시켜 불필요한 고통을 주는 이들은 고발당해야 한다. 만약 이 정도의 기형과 유전병을 가진 동물이 아닌 사람을 의도적으로 만들었다면 어떻게 되었을까? 변명의 여지 없이 잘못된 일이다.

동물은 스스로 어떻게 생겼는지 신경 쓰지 않는다. 그들은 자신이 왜 고통스러운 특정 신체와 유전자를 가졌는지 모르기 때문에 불평 없이 살아간다. 동물이 부적절하고 짜증나고 고통스러운 삶을 견딘다고 그들의 삶이 더 가치 있게 되는 것도 아니다. 우리는 우리가 돌보는 모든 동물에게 가장 건강한 삶을 누릴 기회를 줘야 한다. 전 세계의 수많은 수의사들이 매일 매일 슬픈 생명들의 뒷수습을 한다. 사람의 멍청함과 허영심 때문에 그 생명들의 삶은 명백하게 악화되었다.

도그쇼, 특히 영역 본능이 강하고 스트레스에 취약한 고양이를 전시하는 캣쇼는 멈춰야 한다. 동물의 외모를 심사하는 것으로 동물이 얻는 건 아무것도 없다. 무대에 올라간 개는 신나 보이지만 칭찬 때문에 그렇게 행동하는 것이지 그 경험을 즐기는 것은 아니다. 동물은 사심이 없다. 입상 리본이나 타이틀이 고양이나 개에게 의미가 있다고 생각하는 사람은 없을 것이다. 숲속에서 뛰어놀거나 벽난로 앞에 앉아 있는 걸 더 좋아하지 않을까? 처음 보는 사람이 몸을 쿡쿡 찌르고 성기를 건드리는 일이 즐거울까? 사랑하는 친구를 그런 상황에 처하게 하는 것을 납득할 수 있을까? 내가 보기에는 분명 모두 학대다.

우리의 우정은 고장 난 컴퓨터 프로그램처럼 재부팅해야 한다. 개와 고양이는 더 나은 대접을 받을 자격이 있다. 우리는 눈 깜짝할 사이에 너무 많은 것을 바꿔 놓았다. 아마 처음에는 모르고 그랬겠지만 더 이상은 핑계가 안 된다. 지금 당장 분명하게 행동해야 한다. 언젠가 나아지겠지가 아니라 질병과 기형에서 빠르게 멀어져 그들의 건강과 행복, 가치 있는 삶을 향해 나아가야 한다.

결국 모든 것은 자신에게 돌아온다. 앞으로 개와 고양이를 어떻게 대할지는 우리에게 달렸다. 동물의 삶을 위한 올바른 선택이 지금 바로 변화를 만들 것이다. 스스로에게 묻자. 개, 고양이에게 좋은 친구가 되고 싶은가?

찾아보기

ㅅ

ㅊ

ㅋ

ㅌ

ㅍ

ㅎ

순종이 예쁜가? 그렇게 길들여졌기 때문이다

동물병원을 운영하는 동안 아무리 치료해도 낫지 않는 동물들을 보면서 무력해지는 순간이 종종 있었다. 지금 머릿속에 쿠키라는 사랑스러운 코커스패니얼이 둥실 떠오른다. 처음 만났을 때 쿠키는 7살이었다. 세상에 기분 나쁠 일이라고는 없는 것 같은 얼굴이 지금도 생생하다. 보호자도 똑같았다. 정말 좋은 사람이었고 쿠키를 누구보다 사랑했다. 너무 사랑한 나머지 쿠키가 먹고 싶다는 음식을 다 주었던 게 조금 과했지만.

쿠키는 고질적인 귓병이 있었다. 몇 년 동안 쿠키의 귓구멍이 막혔다 뚫렸다를 반복했다. 나쁘다는 스테로이드제도 써보고 독성 때문에 망설여지는 약도 써보았지만 귓병은 좀처럼 낫지 않았다. 사람이 먹는 음식을 즐겨먹어서 그것 때문에 악화되었을 수도 있다. 하지만 근본적인 문제는 따로 있었다. 쿠키가 코커스패니얼이었기 때문이다. 많은 코커스패니얼은 평생 귓병을 달고 산다. 귓구멍이 막혀서 귀의 일부를 잘라내는 수술을 가장 많이 하는 품종이기도 하다. 선천적으로 큰 귀 때문에 귓구멍이 막히고, 귓속의 분비물이 빠져나오지 못하고 바깥의 신선한 바람이 귓구멍으로 들어가지 못하기 때문이다. 게다가 지나치게 민감한 피부를 갖고 있기도 하다. 귓속 피부뿐 아니라 온몸의 피부에도 문제가 자주 일어난다.

코커스패니얼만의 문제일까? 아니다. 우리가 기르고 싶어 하는 '귀여운' 품종들은 대부분 유전적인 문제를 갖고 있다. 이 책은 영국의 수의사가 썼기 때문에 영국에서 인기 좋은 품종의 문제에 대해 많이 다루었지만 한국처럼 초소형 품종을 좋아하는 나라는 또 없고, 그것 때문에 개들은 선천적으로 고통을 겪어야 한다. 예컨대 슬개골탈구가 그렇다. 무릎뼈가 다리뼈의 고랑 안에 온전히 머물 수 없을 정도로 작은 개를 만들다 보니, 뼈 고랑을 깊게 만들어 무릎뼈를 고정시키는 수술을 하지 않고는 통증 때문에 살 수 없게 되는 고질병이다. 그래서 슬개골 수술은 한국 동물병원의 큰 수입원이기도 하다. 개가 정상적으로 걷도록 하기 위해 반드시 해야 하는 수술이기 때문이다. 수술이 답일까?

아니다. 수술을 해야만 살 수 있는 동물은 애초에 만들지 말아야 한다. 선천적으로 아프도록 만들어진 이 동물들은 생태계 어디에선가 자연스럽게 태어난 것이 아니라 더 많이 더 비싸게 팔아서 돈을 벌 목적으로 우리가 만들어 낸 동물이다. 이렇게 아픈 동물을 만들어 내는 것이 아직 사회적으로 규제받지 않기 때문에 사람들은 지금도 아픈 동물을 만들어 내고 팔고 사서 힘겹게 기른다. 그러다 보니 너무 힘들어서 동물을 포기하기도 한다. 포기의 방법 중 최선은 안락사지만 그런 책임감을 가진 보호자는 많지 않고 대부분 버린다.

순종이 예쁘다고 여기는 것은 우리의 본능이 아니라 우리의 취향이 그렇게 길들여졌기 때문이다. 미디어를 통해서 보는 애완동물이 대부분 점점 품종묘, 품종견으로 바뀌어 가고 있고, 주변에서 뽐내는 동물도 그렇기 때문이다. 거기에 동물에 대한 무지와 돈을 벌려는 장삿속이 보태져서 선천적으로 약한 품종 동물들이 계속 생산되고 팔리고 있다. 심지어 한국에서는 이런 동물을 직접 판매하는 수의사도 있다. 적어도 수의학적 지식으로 생업을 하는 수의사라면 품종 동물의 선천적 질병에 대해 잘 알고 있어야 한다. 모른다면 직무유기고 알면서 그러면 나쁜 수의사다. 이유야 어찌되었든 그런 동물 판매는 윤리적인 수의사가 할 일이 아니다.

완전히 순종인 동물이 아니라 해도 선천적인 질병을 더 많이 갖는 동물들이 있다. 바로 강아지 공장에서 태어난 동물들이다. 더 작아야 잘 팔리기 때문에 작은 동물끼리, 심지어 근친교배로 어린 동물을 생산한다. 이윤을 최대화하는 것이 사업의 목적이고, 그 수단이 동물인 것뿐이라서 최소의 비용을 들여서 최대한 많은 강아지를 뽑아낸다. 이런 과정에서 태어나는 동물은 선천적으로 몸이 약할 뿐 아니라 정신적으로도 문제를 일으킬 가능성이 매우 높다. 우리 주변의 개들이 지나치게 짖고 공격적이라면 그 원인은 선천적일 수 있다.

늘 하고 싶던 이야기고 해왔던 이야기인데 마침 책을 써주고 번역에 동의해 준 저자 엠마에게 고맙다. 그의 강연을 우연히 들으면서 책을 읽어보기도 전에 번역하기로 마음먹었다. 그 자리에서 바로 번역을 제안해 이루어진 일이다. 그리고 오랜 벗 양효진이 없었다면 나올 수 없는 번역서다. 늘 고맙다. 무엇보다 일상 속에서 내 문장을 다듬어 주는 페미니스트 편집자 신성연이에게 사랑과 신뢰를 보낸다.

저자의 당부에 덧붙여 특별히 한국의 독자에게 부탁드리고 싶다.

* 예쁘고 품종을 알 수 있는 동물을 사지 마세요.
* 특히 애완동물 가게나 동물병원에 진열해 놓은 강아지는 절대 안 됩니다.
* 혹시 너무 사고 싶으면 부모개가 좋은 환경에서 사는 분양처를 찾으세요.
* 품종 동물의 사진이나 영상을 찍어서 인터넷에 올리지 마세요. 그런 문화를 만드는 것만으로도 나쁜 영향을 미칩니다.
* 동물을 사지 않고 유기동물 보호소에서 입양하는 것이 가장 좋습니다.

인간과 동물, 유대와 배신의 탄생
(환경부 선정 우수환경도서, 환경정의 선정 올해의 환경책)
미국 최대의 동물보호단체 휴메인소사이어티 대표가 쓴 21세기 동물해방의 새로운 지침서. 농장동물, 산업화된 반려동물 산업, 실험동물, 야생동물 복원에 대한 허위 등 현대의 모든 동물학대에 대해 다루고 있다.

동물들의 인간 심판 (대한출판문화협회 올해의 청소년 교양도서, 세종도서 교양 부문, 환경정의 청소년 환경책, 아침독서 청소년 추천도서, 학교도서관저널 추천도서)
동물을 학대하고, 학살하는 범죄를 저지른 인간이 동물 법정에 선다. 고양이, 돼지, 소 등은 인간의 범죄를 증언하고 개는 인간을 변호한다. 이 기묘한 재판의 결과는?

동물학대의 사회학 (학교도서관저널 올해의 책)
동물학대와 인간폭력 사이의 관계를 설명한다. 페미니즘 이론 등 여러 이론적 관점을 소개하면서 앞으로 동물학대 연구가 나아갈 방향을 제시한다.

동물주의 선언 (환경부 선정 우수환경도서)
현재 가장 영향력 있는 정치철학자가 쓴 인간과 동물이 공존하는 사회로 가기 위한 철학적·실천적 지침서.

개에게 인간은 친구일까?
인간에 의해 버려지고 착취당하고 고통받는 우리가 몰랐던 개 이야기. 다양한 방법으로 개를 구조하고 보살피는 사람들의 아름다운 이야기가 그려진다.

고양이 질병에 관한 모든 것
40년간 3번의 개정판을 낸 고양이 질병 책의 바이블. 고양이가 건강할 때, 이상 증상을 보일 때, 아플 때 등 모든 순간에 곁에 두고 봐야 할 책이다. 질병의 예방과 관리, 증상과 징후, 치료법에 대한 모든 해답을 완벽하게 찾을 수 있다.

우리 아이가 아파요!
개·고양이 필수 건강 백과
새로운 예방접종 스케줄부터 우리나라 사정에 맞는 나이대별 흔한 질병의 증상·예방·치료·관리법, 나이 든 개, 고양이 돌보기까지 반려동물을 건강하게 키울 수 있는 필수 건강 백서.

개·고양이 자연주의 육아백과
세계적인 홀리스틱 수의사 피케른의 개와 고양이를 위한 자연주의 육아백과. 50만 부 이상 팔린 베스트셀러로 반려인, 수의사의 필독서. 최상의 식단, 올바른 생활습관, 암, 신장염, 피부병 등 각종 병에 대한 대처법도 자세히 수록되어 있다.

개 피부병의 모든 것
홀리스틱 수의사인 저자는 상업사료의 열악한 영양과 과도한 약물사용을 피부병 증가의 원인으로 꼽는다. 제대로 된 피부병 예방법과 치료법을 제시한다.

유기동물에 관한 슬픈 보고서
(환경부 선정 우수환경도서, 어린이도서연구회에서 뽑은 어린이·청소년 책, 한국간행물윤리위원회 좋은 책, 어린이문화진흥회 좋은 어린이책)
동물보호소에서 안락사를 기다리는 유기견, 유기묘의 모습을 사진으로 담았다. 인간에게 버려져 죽임을 당하는 그들의 모습을 통해 인간이 애써 외면하는 불편한 진실을 고발한다.

유기견 입양 교과서
보호소에 입소한 유기견은 안락사와 입양이라는 생사의 갈림길 앞에 선다. 이들에게 입양이라는 선물을 주기 위해 활동가, 봉사자, 임보자가 어떻게 교육하고 어떤 노력을 해야 하는지 차근차근 알려 준다.

버려진 개들의 언덕 (학교도서관저널 추천도서)
인간에 의해 버려져서 동네 언덕에서 살게 된 개들의 이야기. 새끼를 낳아 키우고, 사람들에게 학대를 당하고, 유기견 추격대에 쫓기면서도 치열하게 살아가는 생명들의 2년간의 관찰기.

개가 행복해지는 긍정교육

개의 심리와 행동학을 바탕으로 한 긍정교육법으로 50만 부 이상 판매된 반려인의 필독서. 짖기, 물기, 대소변 가리기, 분리불안 등의 문제를 평화롭게 해결한다.

임신하면 왜 개, 고양이를 버릴까?

임신, 출산으로 반려동물을 버리는 나라는 한국이 유일하다. 세대 간 문화충돌, 무책임한 언론 등 임신, 육아로 반려동물을 버리는 사회현상에 대한 분석과 안전하게 임신, 육아 기간을 보내는 생활법을 소개한다.

노견 만세

퓰리처상을 수상한 글 작가와 사진 작가가 나이 든 개를 위해 만든 사진 에세이. 저마다 생애 최고의 마지막 나날을 보내는 노견들에게 보내는 찬사.

후쿠시마에 남겨진 동물들 (미래창조과학부 선정 우수과학도서, 환경부 선정 우수환경도서, 환경정의 청소년 환경책)

2011년 3월 11일, 대지진에 이은 원전 폭발로 사람들이 떠난 일본 후쿠시마. 다큐멘터리 사진 작가가 담은 '죽음의 땅'에 남겨진 동물들의 슬픈 기록.

후쿠시마의 고양이
(한국어린이교육문화연구원 으뜸책)

동일본 대지진 이후 5년. 사람이 사라진 후쿠시마에서 살처분 명령이 내려진 동물을 죽이지 않고 돌보고 있는 사람과 함께 사는 두 고양이의 모습을 담은 사진집.

동물과 이야기하는 여자

SBS 〈TV 동물농장〉에 출연해 화제가 되었던 애니멀 커뮤니케이터 리디아 히비가 20년간 동물들과 나눈 감동의 이야기. 병으로 고통받는 개, 안락사를 원하는 고양이 등과 대화를 통해 문제를 해결한다.

개.똥.승. (세종도서 문학 부문)

어린이집의 교사면서 백구 세 마리와 사는 스님이 지구에서 다른 생명체와 더불어 좋은 삶을 사는 방법. 모든 생명이 똑같이 소중하다는 진리를 유쾌하게 들려준다.

용산 개 방실이 (어린이도서연구회에서 뽑은 어린이·청소년 책, 평화박물관 평화책)

용산에도 반려견을 키우며 일상을 살아가던 이웃이 살고 있었다. 용산 참사로 갑자기 아빠가 떠난 뒤 24일간 음식을 거부하고 스스로 아빠를 따라간 반려견 방실이 이야기.

사람을 돕는 개 (한국어린이교육문화연구원 으뜸책, 학교도서관저널 추천도서)

안내견, 청각장애인 도우미견 등 장애인을 돕는 도우미견과 인명구조견, 흰개미탐지견, 검역견 등 사람과 함께 맡은 역할을 해내는 특수견을 만나본다.

치료견 치로리 (어린이문화진흥회 좋은 어린이책)

비 오는 날 쓰레기장에 버려진 잡종 개 치로리. 죽음 직전 구조된 치로리는 치료견이 되어 전신마비 환자를 일으키고, 은둔형 외톨이 소년을 치료하는 등 기적을 일으킨다.

고양이 그림일기
(한국출판문화산업진흥원 이달의 읽을 만한 책)

장군이와 흰둥이, 두 고양이와 그림 그리는 한 인간의 일 년 치 그림일기. 종이 다른 개체가 서로의 삶의 방법을 존중하며 사는 잔잔하고 소소한 이야기.

고양이 임보일기

《고양이 그림일기》의 이새벽 작가가 새끼 고양이 다섯 마리를 구조해서 입양 보내기까지의 시끌벅적한 임보 이야기를 그림으로 그려냈다.

우주식당에서 만나
(한국어린이교육문화연구원 으뜸책)

2010년 볼로냐 어린이도서전에서 올해의 일러스트레이터로 선정되었던 신현아 작가가 반려동물과 함께 사는 이야기를 네 편의 작품으로 묶었다.

고양이는 언제나 고양이였다

고양이를 사랑하는 나라 터키의, 고양이를 사랑하는 글 작가와 그림 작가가 고양이에게 보내는 러브레터. 고양이를 통해 세상을 보는 사람들을 위한 아름다운 고양이 그림책이다.

나비가 없는 세상
(어린이도서연구회에서 뽑은 어린이·청소년 책)

고양이 만화가 김은희 작가가 그려내는 한국 고양이 만화의 고전. 신디, 페르캉, 추새. 개성 강한 세 마리 고양이와 만화가의 달콤쌉싸래한 동거 이야기.

펫로스 반려동물의 죽음 (아마존닷컴 올해의 책)

동물 호스피스 활동가 리타 레이놀즈가 들려주는 반려동물의 죽음과 무지개다리 너머의 이야기. 펫로스(pet loss)란 반려동물을 잃은 반려인의 깊은 슬픔을 말한다.

강아지 천국

반려견과 이별한 이들을 위한 그림책. 들판을 뛰놀다가 맛있는 것을 먹고 잠들 수 있는 곳에서 행복하게 지내다가 천국의 문 앞에서 사람 가족이 오기를 기다리는 무지개다리 너머 반려견의 이야기.

고양이 천국
(어린이도서연구회에서 뽑은 어린이·청소년 책)

고양이와 이별한 이들을 위한 그림책. 실컷 놀고, 먹고, 자고 싶은 곳에서 잘 수 있는 곳. 그러다가 함께 살던 가족이 그리울 때면 잠시 다녀가는 고양이 천국의 모습을 그려냈다.

깃털, 떠난 고양이에게 쓰는 편지

프랑스 작가 클로드 앙스가리가 먼저 떠난 고양이에게 보내는 편지. 한 마리 고양이의 삶과 죽음, 상실과 부재의 고통, 동물의 영혼에 대해 써 내려간다.

인간과 개, 고양이의 관계심리학

함께 살면 개, 고양이와 반려인은 닮을까? 동물학대는 인간학대로 이어질까? 248가지 심리실험을 통해 알아보는 인간과 동물이 서로에게 미치는 영향에 관한 심리 해설서.

암 전문 수의사는 어떻게 암을 이겼나

암에 걸린 세계 최고의 암 수술 전문 수의사가 동물 환자들을 통해 배운 질병과 삶의 기쁨에 관한 이야기가 유쾌하고 따뜻하게 펼쳐진다.

채식하는 사자 리틀타이크
(아침독서 추천도서, 교육방송 EBS 〈지식채널e〉 방영)

육식동물인 사자 리틀타이크는 평생 피 냄새와 고기를 거부하고 채식 사자로 살며 개, 고양이, 양 등과 평화롭게 살았다. 종의 본능을 거부한 채식 사자의 9년간의 아름다운 삶의 기록.

대단한 돼지 에스더
(환경부 선정 우수환경도서, 학교도서관저널 추천도서)

인간과 동물 사이의 사랑이 얼마나 많은 것을 변화시킬 수 있는지 알려주는 놀라운 이야기. 300킬로그램의 돼지 덕분에 파티를 좋아하던 두 남자가 채식을 하고, 동물보호 활동가가 되는 놀랍고도 행복한 이야기.

동물을 위해 책을 읽습니다
(한국출판문화산업진흥원 출판 콘텐츠 창작자금지원 선정)

우리는 동물이 인간을 위해 사용되기 위해서만 존재하는 것처럼 살고 있다. 우리는 우리가 사랑하고, 입고, 먹고, 즐기는 동물과 어떤 관계를 맺어야 할까? 100여 편의 책 속에서 길을 찾는다.

동물을 만나고 좋은 사람이 되었다
(한국출판문화산업진흥원 출판 콘텐츠 창작자금지원 선정)

개, 고양이와 살게 되면서 반려인은 동물의 눈으로, 약자의 눈으로 세상을 보는 법을 배운다. 동물을 통해서 알게 된 세상 덕분에 조금 불편해졌지만 더 좋은 사람이 되어 가는 개·고양이에 포섭된 인간의 성장기.

개, 고양이 사료의 진실

미국에서 스테디셀러를 기록하고 있는 책으로 2007년 멜라민 사료 파동 등 반려동물 사료에 대한 알려지지 않은 진실을 폭로한다.

사향고양이의 눈물을 마시다 (한국출판문화산업진흥원 우수출판 콘텐츠 제작지원 선정, 환경부 선정 우수환경도서, 학교도서관저널 추천도서, 국립중앙도서관 사서가 추천하는 휴가철에 읽기 좋은 책, 환경정의 올해의 환경책)

내가 마신 커피 때문에 인도네시아 사향고양이가 고통받는다고? 내 선택이 세계 동물에게 미치는 영향, 동물을 죽이는 것이 아니라 살리는 선택에 대해 알아본다.

묻다 (환경부 선정 우수환경도서, 환경정의 올해의 환경책)

구제역, 조류독감으로 거의 매년 동물의 살처분이 이뤄진다. 저자는 4,800곳의 매몰지 중 100여 곳을 수년에 걸쳐 찾아다니며 기록한 유일한 사람이다. 그가 우리에게 묻는다. 우리는 동물을 죽일 권한이 있는가.

동물원 동물은 행복할까?
(환경부 선정 우수환경도서, 학교도서관저널 추천도서)

동물원 북극곰은 야생에서 필요한 공간보다 100만 배, 코끼리는 1,000배 작은 공간에 갇혀 살고 있다. 야생동물보호운동 활동가인 저자가 기록한 동물원에 갇힌 야생동물의 참혹한 삶.

고등학생의 국내 동물원 평가 보고서
(환경부 선정 우수환경도서)

인간이 만든 '도시의 야생동물 서식지' 동물원에서는 무슨 일이 일어나고 있나? 국내 9개 주요 동물원이 종보전, 동물복지 등 현대 동물원의 역할을 제대로 하고 있는지 평가했다.

동물 쇼의 웃음 쇼 동물의 눈물
(한국출판문화산업진흥원 청소년 권장도서, 한국출판문화산업진흥원 청소년 북토큰 도서)

동물 서커스와 전시, TV와 영화 속 동물 연기자, 투우, 투견, 경마 등 동물을 이용해서 돈을 버는 오락산업 속 고통받는 동물들의 숨겨진 진실을 밝힌다.

야생동물병원 24시
(어린이도서연구회에서 뽑은 어린이·청소년 책, 한국출판문화산업진흥원 청소년 북토큰 도서)

로드킬 당한 삵, 밀렵꾼의 총에 맞은 독수리, 건강을 되찾아 자연으로 돌아가는 너구리 등 대한민국 야생동물이 사람과 부대끼며 살아가는 슬프고도 아름다운 이야기.

똥으로 종이를 만드는 코끼리 아저씨
(환경부 선정 우수환경도서, 한국출판문화산업진흥원 청소년 권장도서, 서울시교육청 어린이도서관 여름방학 권장도서, 한국출판문화산업진흥원 청소년 북토큰 도서)

코끼리 똥으로 만든 재생종이 책. 코끼리 똥으로 종이와 책을 만들면서 사람과 코끼리가 평화롭게 살게 된 이야기를 코끼리 똥 종이에 그려냈다.

고통받은 동물들의 평생 안식처 동물보호구역 (환경부 선정 우수환경도서, 환경정의 올해의 어린이 환경책, 한국어린이교육문화연구원 으뜸책)

고통받다가 구조되었지만 오갈 데 없었던 야생동물의 평생 보금자리. 저자와 함께 전 세계 동물보호구역을 다니면서 행복하게 살고 있는 동물을 만난다.

물범 사냥 (노르웨이국제문학협회 번역 지원 선정)

북극해로 떠나는 물범 사냥 어선에 감독관으로 승선한 마리는 낯선 남자들과 6주를 보내야 한다. 남성과 여성, 인간과 동물, 세상이 평등하다고 믿는 사람들에게 펼쳐 보이는 세상.

동물은 전쟁에 어떻게 사용되나?

전쟁은 인간만의 고통일까? 자살폭탄 테러범이 된 개 등 고대부터 현대 최첨단 무기까지, 우리가 몰랐던 동물 착취의 역사.

햄스터

햄스터를 사랑한 수의사가 쓴 햄스터 행복·건강 교과서. 습성, 건강관리, 건강식단 등 햄스터 돌보기 완벽 가이드.

토끼

토끼를 건강하고 행복하게 오래 키울 수 있도록 돕는 육아 지침서. 습성·식단·행동·감정·놀이·질병 등 모든 것을 담았다.

수의사가 알려주는 품종 개·고양이의 비극
순종 개, 품종 고양이가 좋아요?

초판 1쇄 2021년 6월 26일

지은이 엠마 밀네
옮긴이 최태규, 양효진

편집 이지희, 김보경
본문 디자인 도진희
교정 김수미
인쇄 정원문화인쇄

펴낸이 김보경
펴낸 곳 책공장더불어

책공장더불어

주소 서울시 종로구 혜화동 5-23
대표전화 (02)766-8406
팩스 (02)766-8407
이메일 animalbook@naver.com
블로그 http://blog.naver.com/animalbook
페이스북 @animalbook4
인스타그램 @animalbook.modoo

ISBN 978-89-97137-45-9 (03520)

*잘못된 책은 바꾸어 드립니다.
*값은 뒤표지에 있습니다.